なぜ、あそこの6次産業化はうまくいくのか？

井上 嘉文

大学教育出版

はじめに

「平成」から「令和」へと新時代を迎えた日本で、農林漁業と「食」について真剣に考えている人は誰か？

それは紛れもなく、私たちに美味しい食材を提供してくれる生産者に他ならないのではないか。

2015年から2020年3月まで、6次産業化プランナーとして、累計で約450回を超える1次生産者の支援をしてきた。1次生産者と対峙してきた中で感じることがある。それは、農家、漁師などをはじめとした1次生産者の生活は、気を抜けば顎が干上がるほど大変であるということだ。

メディアが取り上げる「儲かる農業」や「大漁マグロ漁船でボロ儲け」のような派手で明るいニュースは、ほんの一部であり、1次生産者の糊口をしのぐ暮らしぶりも、私は目の当たりにしてきた。それでも、予測不可能な天候という外的要因と戦いながら、愚直に事業を営む人たちが日本の食を支えている。

海外でも農業は貧困と直結しており、一部を除いて農家の家計には余裕がないことが多いだろう。日本でも農業のＩｏＴ化がこれほど進んでいない頃は、労働に対する対価が理由で、若者の農業離れが起きていた。

しかし、簡単に儲かるような仕事でなかったとしても、全国の１次生産者の人たちは、成果物を私たち消費者の元へ送り届けてくれている。それはもしかすると、生産者らは、誰よりも日本の〝食〟に対して危機感を抱いているからではないか。

もし、スーパーマーケットに並ぶ野菜、魚、肉、乳製品などのすべての商品が、海外輸入品で占めるようになったら……私たちの体には、新しい影響がもたらされると思う。そのような本能的に感じるリスクについて、私たちよりも敏感であるのは、口にする食べ物を育てている生産者に他ならないだろう。

２０１８年、物品貿易協定（略称 TAG：Trade Agreement on goods）と名前を変えたものの、実質的・包括的ＦＴＡが進みそうな気配の日本で、安全・安心な日本の〝食〟の余喘《よぜん》を保つかのように、生産者の人たちは本能的に事業を継続しているような気もしている。だからこそ、私はそんな日本の農林漁業者の皆さんを心からリスペクトしている。

では、今の日本で私にできることは何だろうか？　昔から虫が嫌いで、手が汚れるのも苦手な潔癖症なので、農林漁業の現場で生業《なりわい》をつくることは、おそらく難しい。けれど、少しばかりの知恵を貸して、生産者の人たちの役に立ち、衰退する日本の農林漁業を活性化させる一助になればと考え、行動を起こす決意をしたのが28歳だった。

農林水産省は、〝6次産業化〟を促進するために予算を投じている。そして、各自治体や商工会も全国各地で6次産業化に取り組んでいるが、この言葉は、もはや〝6次商品化〟で停まっているケースも多い。産業化として継続できるような成功事例はごくわずかであり、商品化をした時点で満足をしているような事例があるからだ。

6次産業化とは、経営課題を解決する手段であって、ゴールではないはずなのに。

6次産業化が思うようにいかない理由はさまざまだ。つくり手の想い、商品の価値が、本来ならば届くべきターゲットに届いていないことも一因であると考える。伝える工夫や販売戦略のピースが揃えば、売れる商品になるかもしれない。

私は、これまでの支援の中で「モノを売り込む時代ではないから、賢い消費者とコミュニケーションをする方法を考えましょう」と提唱し続けてきた。コミュニケーションをするためには、商品全体のコンセプトワーク、ブランディング、SNSや動画を活用したプロモーション、最新テクノロジー、エンターテイメントなど、複数の側面からなる〝コンテンツ〟をかけ合わせて、経営企画の中に落とし込む必要がある。また生産者×行政×専門家の3者が連携していくアプローチも、地域活性や6次産業化を成功に導く近道であると私は考えている。

さて、ここまで読んでみて、「どうせ理想論を並べているだけでしょ」と本を閉じようとしている生産者の方、もしくは自治体関係者の方がいたとしたら…「待った」をかけたい。なぜなら、ズバリ、あなたが本書の読者にうってつけであると思うからだ。

本書は、皆様がチャレンジしやすい資金調達方法やブランド戦略、PRノウハウなどを、具体的でわかりやすく説明することを心掛けた。

愛情をこめて育てた、米
和紙の文化を支えてきた、楮
我が子のように育成させた、鰤
日本には、世界に誇れる美しいもので溢れている。

しかし国の統計によると、2017年の農業就業人口は181万人。10年前と比べて約4割減少しているそうだ。平均年齢は66・7歳と高齢化も深刻で、2030年にはさらに半減するとの試算もあるので危機感を感じる。

私は、国内で奮闘する「農」「林」「漁業」に携わる皆様の生活が豊かになり、日本の食料自給率が向上していく状況を望んでいる。また地方創生により、これまで隠れていた日本全国の魅力が世界中の人々に伝わることに寄与したいと思う。

少しでも本書が、皆様のブランドづくりや商品開発、新規事業を始めるにあたり、蛮勇を振るうキッカケとなりますように。

エモーショナル トライブ代表　井上嘉文

2020年6月

なぜ、あそこの6次産業化はうまくいくのか？

目次

第3章　伝える……87

第1章　集める

本章では、資金調達（お金）について述べる。この項目を最初にもってきた理由は、何事にも「カネ」が必要であるからだ。6次産業化プランナーを続けて、4年。カネ、ヒト、モノで集約されるリソース（資源・財源）の重要性は痛いほど身に染みた。中でも、カネ。世の中はシンプルであり、非情であり、予算がなければ実現したいことがあっても実行に移せない。私たちプランナーにとっても同じで、いくら着想が「素晴らしい」と評価されたプランでも、いざ提案をしたところで、予算がなければ達成できない。もしくは、「挑戦したい」という気力があっても、経済力が見合わなければ、失敗すらできない。自己資金が潤沢にある経営者、もしくは1次産業とは別に事業を営んでいて、資金を投入できるような余裕のある経営者は、私の支援の中でもごく稀なケースだった。では、自己資金がない場合、新しいプロジェクトに挑戦することを諦めるしかないのか？　いや、そんなことは絶対にない。インターネット・SNSが普及した時代では、昔よりも資金調達方法がバリエーションに富んでいる。「お金を調達するためには、どんな方法があるのだろうか？」。

この機会に、お金を「集める」方法を知ることから始めてみてはどうだろう。

さて、本文に入る前にニュースをひとつ事例に出したい。2019年10月某日、テレビ朝日で取り上げられたニュースは、資金の集め方の時代変化を象徴しており、印象に残った。内容は、次のようなものである。

アメリカ・ロサンゼルス市警（ＬＡＰＤ）が、市内の地下鉄駅で、バッグ数個を持ち、カートを引いた金髪のホームレスの女性が、オペラを歌う動画をツイッター（Twitter）に投稿した。すると、歌唱力に対して民衆から大きな反響を呼び、再生回数は30万回以上を超えた。その女性はエミリー・ザモルカ（Emily Zamourka）さん（52歳）であることを地元メディアは突き止めた。取材によると、ザモルカさんは24歳の時にロシアからアメリカへ移住して教師をしていたが、健康を損ねてしまい、貧困に陥ったそうだ。地下鉄を表現の場に選んだ理由は、「地下鉄は音の響きが良いから」だった。ザモルカさんの歌声は瞬く間に話題を呼び、現在ではグラミー賞にノミネートされた経験もある音楽プロデューサーからレコード契約の話も浮上しているそうだ。まさに、彼女はアメリカンドリームを掴むきっかけを１本のＳＮＳ×動画によって獲得した。

もちろん、この女性の場合、意図して資金や財源を調達したわけではないが、動画やＳＮＳが発達した現代だからこそ、新しい資金やチャンスが生まれようとしているのだと思う。そして、このニュースでもうひとつ大事な点がある。それが、「共感性」だ。これは、すべての資金調達に通ずるキーワードだと思う。

資金調達は、「自分にお金がないなら、他から借りるか、ありがたく頂戴するか」のどちらかだと考えたとき、相手の心理を考えることが先決だ。人は、その人自身を見て、お金を投資する。つまり、金融機関が、行政が、個人が、そのプロジェクトに対して「共感」できるかにより、マネーが動く。あなた自身に、あなたの会社に投資・出資したいと思わせるための工夫が、事業計画書や助成金の申請書の中に散りばめられていないと、弱い。皆さまは、読み手が共感するための文章づくりを真剣に考えているだろうか。私は大切なお金を獲得するために、覚悟をもって臨んでいる。これまで、２０１５年から手掛けた補助金・助成金の作成代行は、すべて採択されている。とはいっても、地方の生産者と話をしていて感じたことは、「情報が圧倒的に少ない」ことだった。補助金・助成金の情報がほとんど流通していないのだ。もしくは、「補助金の募集要項だけ渡されても、読んでもチンプンカンプンなんだよね」と話す。行政や商工会などで開催される説明会はたいてい指定された1、２日なので、その日の都合が悪ければ行けず終いで、結局、内容の理解ができないまま提出期限が過ぎていることもしばしばあった。

そんな経緯があって、資金の調達方法の「補助金／助成金」「融資」「出資」の３パターンに分けて、具体的にどんなものがあるかも列挙した。また、実際に、調達するスキームやフロー、実際に私が手掛けた文章例なども掲載したので、少しでも参考になればと思う。

Ｑ１　商品開発をするための資金を創る手段はどんなものがありますか？

Ａ　まずは、補助金や助成金のバリエーションを知りましょう。

私たち、プランナーの重要な仕事のひとつに「資金調達」がある。資金調達といっても何も銀行からの融資だけが方法ではない。１次生産者からの依頼で多いのは、政府が施行する補助金・助成金を活用するための申請書類の代行や内容に対するアドバイス・指導である。補助金や助成金とは、直接的・間接的に公益上、必要があると政府が判断した場合に、民間もしくは政府に対して交付される給付金のことを指す。補助金・助成金の種類や目的や用途は、多種多様であるため自分の課題に照らし合わせていけばよい。ここでは簡単なフローをまとめた。

STEP1　リサーチ

ネットで自分の事業に合った補助金の情報を探すことからスタート。手っ取り早いのは市役所に出向き、直接聞くこと。中小企業庁では「ミラサポ」というサイトで補助金・助成金を紹介している。

STEP2　申請

募集要項・申請書をダウンロードして、事務局に提出。補助対象になる経費とならない経費の確認は、担当者に電話して聞くとよい。専門家に委託する前に自分でも理解してからにしよう。

STEP3　採択

補助金が交付される事業者として採択されたら「交付申請書」を事務局に提出する。

STEP4　事業の実施

交付決定された内容で事業をスタート。ここで、注意点がある。それは、交付決定が正式に通知された後の日付から発生する経費が補助対象となることだ。採択通知書が来る前の日付で発生した出費は対象にならないので、先走りはやめよう。

また、補助金や助成金の特徴は「後払い」であることが注意点。通常の融資や出資のように承諾を得た時点で、入金されるわけではない。さまざまな出費に対してキャッシュ（現金）を先に用意しておく必要がある。

ＳＴＥＰ５　補助金交付

経費を事務局に報告して、確認された後に補助金を受けることができる。また補助金の対象となる領収書や証拠書類は、補助事業の終了後も5年間は保管しておく必要がある。また、補助金を受け取っている期間で一定以上の収益が認められた場合は、補助金の額を上限として国に納付する場合もあるので、書類を増やしたくない人は〝販売しない〟のがベターだ。

雇用にまつわるような助成金には、厚生労働省系のキャリアアップ助成金がある。大手企業、政府系金融機関、各種の財団などが独自に起業家への補助金・助成金制度を実施しているので、まずはリサーチから始めてみてはいかがだろう。

「補助金は、書類が雑多で面倒」という企業の社長をよくお見かけするが、銀行からの借入と比べれば、提出する義務書類も少なく、精神的にもラクであることは間違いないだろう。

Q2　法人でなく個人でも使える補助金などはありますか？

A　はい。個人事業主の私も補助金に採択されています。

皆さんの中には、法人格をもっていないからという理由で補助金を諦めている人はいないだろうか？　経産省系の補助金ならば、個人事業主でも、申請書のクオリティーによって受給ができるものがある。それは、創業補助金・小規模事業者持続化補助金・ものづくり補助金などの補助金だ。

これらは、企業促進、地域活性化、女性・若者の活躍支援、中小企業振興、技術振興などの対策を目的として、経済産業省が実施している補助金。これを受給するためには、それぞれの補助金ごとの募集要件を満たした上で応募し、審査を通過することが必要だ。合格率（採択率）は補助金によって異なり、約5％～80％程度まで幅がある。また、同じ補助金でも数回に分けて募集することがあり、回によって採択率に変化が見られるのが特徴だ。

実際に2018年、2019年ともに私自身も小規模事業者持続化補助金の申請をして、採択されている（弊社は２０２０年の現時点で法人格をもっていない）。２０１８年に申請した１回目の事業計画は、emotional tribe の公式ホームページの開設、不随するデザイン、公式ホームページの開設を周知させるためのプレスリリースの発信委託費などを広報費として計上した。小規模事業者持続化補助金の補助率は２／３であり、約80万円の支払いに対して、約48万円の補助を後から受ける形となった。

２０１９年、２回目に申請した書類では、ＧＦＵＧ（グルテンフリーアンダーグラウンド）というグルテンフリー専門ブランドのサブスクリプションモデルとオンラインサロンの事業計画を書いて採択。他にも、私が２０１５年に書類代行をした、岐阜県中津川市に店舗を構えるお菓子処「有限会社　つちや商店」も小規模事業者持続化補助金の受給を受けた。有限会社つちや商店では補助金を活用して、砂糖不使用・食品添加物・小麦を一切使用しない米粉かすてらの新商品開発を手掛けた。私は専門家講師として現地派遣を通じて、企画、販路開拓、パッケージデザインなどの助言・指導をした。工場長の小笠原信さんが、「東京から中津川までの旅費（専門家旅費）、謝金（専門家謝金）も補助対象になるため、安心して依頼することができた」と話していたのを覚えている（現在、その商品は販売終了）。

このように、申請書と事業終了後の報告書をきちんと書いて提出すれば、私のような個人事

②（　○　）平成３０年度被災地域販路開拓支援事業「小規模事業者持続化補助金」のうち、「平成３０年７月豪雨対策型・追加公募分」の第１次受付分で、単独または共同申請で応募したが採択を受けていない。または、同・第２次受付分、北海道胆振東部地震対策型、台風・豪雨被災地自治体連携型のいずれにも、単独または共同申請で応募していない

１．企業概要

①　無添加食品プロデュース事業

＜例＞

■6次化商品企画・ブランディング・プロモーション戦略提案

（地域性を反映させた商品の魅せ方、SNSマーケティング、連載での記事掲載PR、プレス対応）

■自治体向けのコンテンツ制作

（自治体のオリジナルソングやプロモーション動画の脚本や制作受注）

■パッケージデザイン制作・レシピ監修

（消費者インサイトに沿ったデザイン制作や自然食品・グルテンフリーのレシピ開発と提供）

■アカデミーの運営（検定事業）・講演会の登壇

（農産物の啓蒙のために黒にんにくの資格検定などを発行。他、自治体関係者からの要請で講演会に登壇。）

②　スタートアップ業務の請負契約

図 1-1　申請書

業主でも補助金の受給はできるので、誰にでも計画次第でチャンスはある。法人格がないからといって、補助金や助成金を諦めず、相手を納得させられる事業計画を練ろう。

Q3　複数社で提携する事業に活用できる補助金はありますか?

A　はい、共同でも受給できる補助金もあります。

自治体独自の補助金・助成金と独立系の補助金などは、市区町村などの各自治体が地域内の産業振興などを目的として、独自の補助金・助成金を実施しているところがある。代表的なものが農商工連携ファンドである。これは、独立行政法人中小企業基盤整備機構や県の産業振興センターなどがファンドの運営管理者となって、その運用益により、農林水産物の生産・加工・流通等の各段階における新商品・新技術・新役務の開発および販路開拓を支援して、地域産業の活性化を目指すものだ。たいていの県ではそのようなファンドが造成されているので、利用していくとよい。

■農商工連携とは?

そもそも日本には農商工等連携促進法というものがあり、中小企業者と農林漁業者との連携による事業活動の促進に関する法律（平成20年法律第38号）である。

趣旨については、左記に抜粋した。

農山漁村には、その地域の特色ある農林水産物、美しい景観など、長い歴史の中で培ってきた貴重な資源がたくさんあります。農商工連携は、このような資源を有効に活用するため、農林漁業者と商工業者の方々がお互いの「技術」や「ノウハウ」を持ち寄って、新しい商品やサービスの開発・提供、販路の拡大などに取り組むものです。農林水産省は、地域経済の活性化のため、農商工等連携促進法や予算措置により、経済産業省と連携してこの取組を支援しています（農林水産省HP引用）。

簡単に言うと、農林漁業者と中小企業者の方々が共同で事業計画を作成し、認定を受けるとさまざまな支援措置を活用できるものだ。金額はまちまちだが500〜3、000万円で補助率も2／3や10／10など条件次第で変動する。

■**認定基準**

1、農林漁業者と中小企業者が有機的に連携して実施
2、両者の経営資源（技術・知識・ビジネスノウハウ等）を有効に活用
3、連携事業により新たな商品、サービスの開発、生産、需要の開拓等を行う
4、農林漁業者および中小企業者の双方の経営を向上

5、事業期間は5年以内

用途や事例としては、

・規格外や低未利用品の有効活用

・新規用途開拓による地域農産物の需要拡大、ブランド向上

・ITなどの新技術を活用した生産や販売の実現

・海外への輸出による販路の拡大

などが「『農商工連携』を始めよう！～農商工連携事例集～」（PDF：843KB）には挙げられている。まずは、全国の地方農政局等に問い合わせをすることから始めてみてはいかがだろうか。

Q4　農商工連携で採択されるポイントは何でしょうか？

A　具体性と将来性、面接時のプレゼン力が勝敗を握ります。

申請書を提出して一安心するのは、まだ早いのが農商工連携だ。そこから大きな課題が待っている。それが、農商工連携の審査に大きく影響する当事者によるプレゼンテーション面接である。たいていは、約10分のプレゼンテーションをしてから、審査員からの質疑応答が5分ある。相手は5～7名くらいで、その人たちの審査によって、採択の合否が決まる。

当日のプレゼンでは、プランナーや部外者は立ち会えないため、申請する農業者、商工業者のそれぞれの代表者2名の出席が原則必須である。そのため、弊社では事業者の人たちに事前にプレゼンテーションのノウハウの提供と模擬面接を徹底して行うことで、2015年からこれまで全員が審査に採択されている。

私が関わった事業者の多くは、とにかくプレゼンテーションに慣れていなかった。質問をされると、すぐに適格な回答が出てこない。この状態で面接に臨むと、申請書類を書いた人が別の人物であるとすぐにバレてしまう。計画性や事業に対する情熱を自分の言葉で伝えられないと、審査にはまず通らない。

そこで、私は必ず面接審査があるものに対しては、問答集をつくる。まず想定される質問は経験からして予測ができるので、だいたい10個くらいの質問をこちらで用意して、その答えをすり合わせ、書面におこして、実際に事業者には反復してもらう。いわば台本のようなものである。

このとき、1字1句、最初は丁寧にダメ出しをする。このときばかりは、心を鬼にして何度も回答を書き直し、言い直しをしてもらう。なぜならば、プレゼンテーションの会話の中で、その人の国語力が浮き彫りになるからだ。審査員を安心させるためにも、きちんとした日本語で、理路整然としたロジカルなスピーチが求められる。

また、私が意識してコーチングすることは、伝え方のコツである。プレゼンテーションとは、海外の論文と同じ方法で物事を説明していくと、人に伝わりやすい。具体的に言うと、まず簡潔に結論を伝えて、その理由や説明を端的に順番に説明していく。そして、慣れてきたところで、自分の言葉で同じ内容を言えるように非言語のコミュニケーションも含めて練習をしてもらう。ボイスレコーダーで、自分のプレゼンを録音してもらい、聞き直す工夫もしている。発言の時間が制限されているので、プレゼン練習ではストップウォッチも欠かせない。最後は練習成果を身近な家族や、社員に聞いてもらい、フィードバックを受けていただくように指示している。

これらは、私が必ず事業者に対して行うことであり、練習なくして本番でのプレゼンの成功はないと考えているので、心して臨んでほしい。

Q5　融資と出資の違いはどこにあるでしょうか？

A　融資は「安定性」、出資は「成長性」が期待されています。

　ここでは、融資と出資の違いをおさらいしておこう。融資は、元金・金利を一定の期間において返済することが義務となるので、金融機関が見るのは「事業の安全性」である。「一定期間ごとの元金回収や金利の回収なのか？」「期日における一括返済なのか？」の判断において、事業計画との整合性を見ていくことになる。つまり、融資は「安定性」が評価チェックの軸と言えるだろう。

　一方、出資については、投資した株式の価値の上昇、もしくは投資に付随して得られる配当が見返りとして期待されている。その源泉になるのは売上および利益の成長に他ならない。つまり、出資では「成長性」が評価軸となる。そのため融資と出資では、「安定」と「成長」のまったく異なる説明が求められるので、切り替えてプレゼンテーションをつくるとよい。

　では、現在の状況でどのような資金調達をすればよいのか？　判断基準は何か。

それは、自社の事業のフェーズ（段階）をよく観察すればよい。「今は、事業段階が安定的な成長、および資金回収という状況か？」「競争が急成長する市場で、マーケティングや研究開発など現金を手にしないと挑戦できない状況か？」、現状の事業内容や外部の市場環境によって、資金調達の手段を選ぶべきだ。

具体的な例をあげて説明すると、あなたはA社というアーティチョークなどのイタリア野菜を専門に販売するような農業法人を設立したとする。珍しいイタリア野菜なので、レストランからは需要が高そうで、栽培する生産者（＝ライバル）は少ない。この時、外部環境および競争環境が安定しており、大きな工場が必要だ。工場の造段のために資金調達をしたいと考えた。

さて、この場合、野菜の販売で安定した利益は出るものの、投資家にとって、株を売却した際に大きな利益を狙えるよう

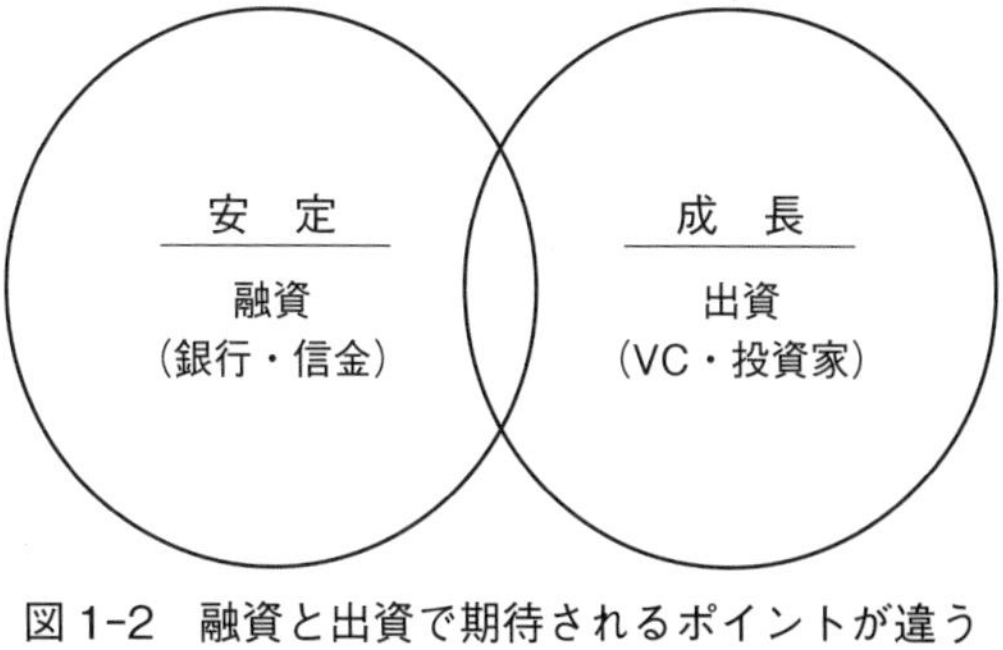

図1-2　融資と出資で期待されるポイントが違う

な急激な成長が見込めるような事業だろうか？　投資家の期待する収益の実現は難しい。このようなケースは、安定的な運転資金として、調達した義務に対して応えることができるような融資が合いそうだ。

２０１６年６月、東京証券取引所マザーズ市場に農業ベンチャーとして初上場したのが、和歌山に本社を構える㈱農業総合研究所である。この会社は、全国の生産者や農産物直売所と提携して、新鮮な農産物を都市部のスーパーマーケットを中心に卸していく「インショップ形式」の事業を営む。直売所で委託販売をするプラットフォームを提供することで、生産者は農産物を規格にとらわれずに販売ができる。また、海外輸出入や直売所へのコンサルティングなども事業領域にある。しかし、そんな規模の大きな会社でも農産物の直販事業を始めるには10億円ほどかかり、当時、融資してくれるＶＣ（ベンチャーキャピタル）はいなかったそうだ。農業分野で出資を受けるハードルは非常に高いことがうかがえるので、検討する必要がある。

Ｑ６　出資を受けるメリットって、何でしょうか？

Ａ　得られるものが「お金」だけではなく「信頼」「発進力」「人脈」

出資者からは、資金提供以外にメリットが受け取れることがある。

例えば大手企業からの資金調達に成功すれば、まず「信頼」と「発進力」が同時に手に入るだろう。銀行やパートナー企業などから有望なベンチャーとして注目が集まり、その注目は、広告費をかけないＰＲにもなる。

また、経営のアドバイスや事業の提携に向けてのネットワーク（＝人脈）などの経営資源という点は、最大限に活用できるのではないか。これは、一朝一夕で培えないものであり、お金で買えないものだ。そういった点も踏まえた上で、出資によってどういった有形・無形の資源（＝のれん）・資産を獲得できるかを考えていくとよい。

他にも、投資家の中から、会社の応援団になってくれるような社外取締役や顧問を探すのもひとつの工夫だ。社外取締役をお願いすると、より経営が成功する可能性が高まるだろう。社外取締役がいると会社の信用補完につながることもある上、販売先を探すのにも役に立つ。元経営者が就任した場合、経営者としての経験・信用・人脈をもっていることが多いからだ。自分たちで大企業にセールスをしても門前払いで、裁量決定者までたどり着くことができなかったとしても、元経営者の社外取締役の力で、知り合いの経営者に電話1本で商談できる可能性も少なくないのではないか。

最後に、自社に出資する投資家にとってのメリットは何かを考えてみよう。彼らはなぜ、出資をするのか。

例えば、資金調達の強い味方として「エンジェル投資家」がいるが、彼らは、投資をすると税金が安くなるのだ。必ずしも成功するかどうかわからないプロジェクトにお金を出す行為は、寄付するようなものであるため、税制は所得控除で、寄付税制と同じ仕組みになっている。

他の例として、ベンチャーキャピタル（VC）を挙げる。V

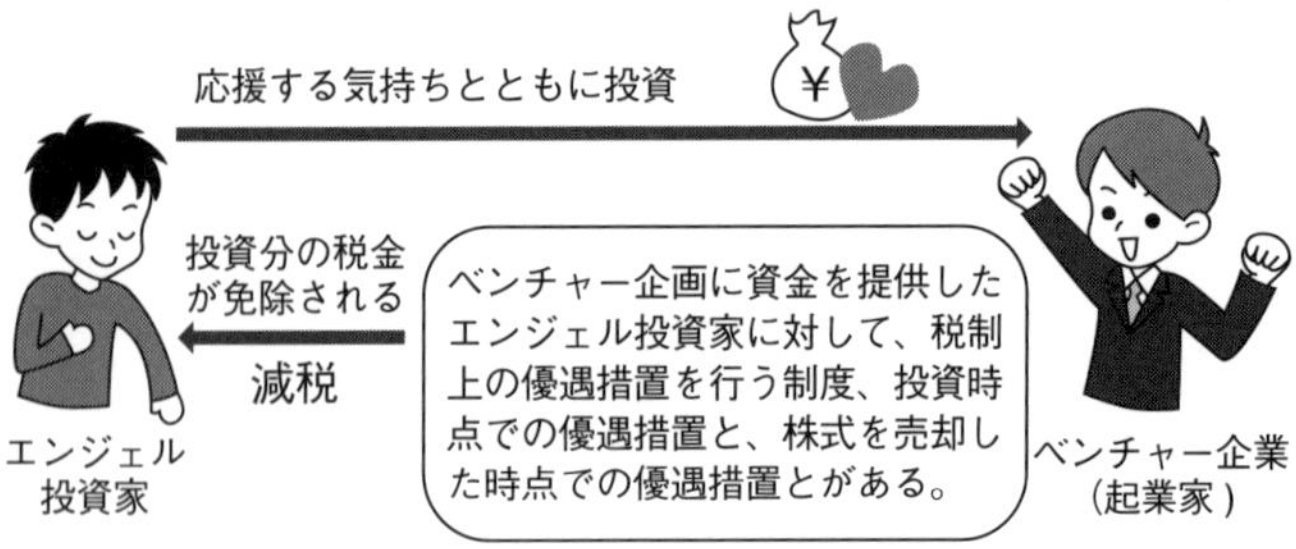
応援する気持ちとともに投資
¥
投資分の税金
が免除される
減税
ベンチャー企画に資金を提供したエンジェル投資家に対して、税制上の優遇措置を行う制度、投資時点での優遇措置と、株式を売却した時点での優遇措置とがある。
エンジェル
投資家
ベンチャー企業
（起業家）

図 1-3　エンジェル税制の仕組み

Ｃは、創業間もないベンチャー企業に対する投資会社であり成長性をみて出資をすることが多い。そんなＶＣの中には「エンジェル税制」の仕組みを利用したい企業も存在する。ベンチャー企業に資金を提供したエンジェル投資家に対して、税制上の優遇措置を行う制度を「エンジェル税制」と呼ぶ。応援する気持ちとともに投資をすることで、投資分の税金が免除される制度だ。投資時点での優遇措置と、株式を売却した時点での優遇措置などがあり、投資家サイドにとってもメリットがある。まずは出資を受ける前に、起業に関する支援を行う事業者をインキュベーター（英語：incubator）と呼ぶが、一度、そのような業界の人にも相談をしてみるとよいだろう。

Q7　クラウドファンディングによる資金調達って何ですか？

A　夢や目標に対して共感を得ることで企業や個人投資家からクラウド上で資金調達する方法です。

クラウドファンディング（CF）は、不特定多数の人が主にインターネットを経由して、他の人々や組織に財源の提供、協力などを行うことを指しており、群衆（crowd）×資金調達（funding）が語源である。別名は、ソーシャルファンディングとも呼ばれ、世界中の人たちから少額の寄付という形で出資を集めるコンセプトで生まれた。

そのため、クラウドファンディングのメリットは、スケールの大小を問わず個人でのプロジェクトであっても資金調達ができる点だ。プロジェクトの立ち上げから告知は、ソーシャルメディアの活用によって工夫ができる時代になったため、〝個人の挑戦〟に呼応する形で、資金調達を可能にする。また、一定額が集まった時点でプロジェクトを実行するので、一種のリサーチマーケティングに代替することもできるだろう。資金調達が思うようにうまくいかない場合は、社会にとってその商品やサービスに対してニーズがないことを裏付けるかもしれないからだ。

■クラウドファンディングの種類

①「寄付型」：社会性が強く、金銭的リターンのないタイプ
②「投資型」：事業性が強く、金銭リターンが伴うタイプ
③「購入型」：プロジェクトの達成の際に支援金に応じて返礼品、権利が与えられるタイプ

この3つが主流である。次頁では、私が実際に挑戦した少額のクラウドファンディング実例を挙げるとともに、結果などもお伝えしたい。

■年齢越境するクラウドファンディング

現代ではネットネイティブな「ミレニアル世代」だけでなく、クラウドファンディングは資金調達のひとつとして認知されている。例えば、クラウドファンディング運営大手のCAMPFIRE（キャンプファイヤー、東京・渋谷）はシニア層の取り込みに積極的だ。キャンプファイヤーは数年内に株式市場への新規上場を目指しているようで、地方創生プロジェクトに特化した「FAAVO（ファーボ）」を買収した。もともとキャンプファイヤーのプロジェクト数は累計で2万件、累計流通額は105億円に達している（2019年6月、日経ＭＪ調べ）。

プロジェクトの企画者は20~30歳代が6割を占めているが、ファーボは支援者がシニアである例が多い。ファーボは全国に100人の相談スタッフを配置している。相談スタッフが直接プロジェクトの企画者とコンタクトを取って、手取り足取り公募ページの作成をサポートするというものだ。電話窓口によりシニア世代もわかりやすくクラウドファンディングに挑戦できる工夫がある。

皆さんも、まずは一度、調べてみてはいかがだろうか?

Q8　クラウドファンディングに資金を集める以外のメリットはありますか？

A　資金調達と同時に、それ自体が発信媒体に早変わりする点です。

ここからは、実際に私が体験した事例をあげて説明していく。

■活動内容が共感されれば拡散に繋がる

私がクラウドファンディングに最初にトライしたのは2015年。イタリアの *Slow Food Youth Network の日本代表として、ミラノでの食のイベントに招聘いただいた際にクラウドファンディングを活用した。

このときは、「READYFOR」（運営：㈱READYFOR）を利用して、『「ムムム自然栽培農法」をミラノにてプレゼンし世界中に拡散！』というテーマで11万円を目標金額とした。返礼品は、4000円、1万円を1口として設定して、1万円の返礼品は、香川県の㈱ムムム自然栽培農場の野菜を1kgセットで直送した。そもそも、イタリアの当イベントに参加した目的のひとつが、農薬、化学肥料、動物性肥料を一切使用しない3つの無（ム）から由来したムムム自然栽培農法のプレゼンを通じて、日本の農法を広めることだった。イベント期間中は、少しでも「ムムム農法」を覚えて帰ってもらうために、企業のロゴステッカーの配布や「ム」のポージングを両手でつくり世界中の人たちと写真撮影をするなど、有意義な5日間だった。帰国後に活動内容がビジネス誌に取り上げられ、私のもとに海外からも数件、ムムム農場の視察依頼もあった。

この事例からお伝えしたいポイントは、「金額の用途と透明性」である。今回の資金は、羽田空港〜ミラノまでの往復交通費に充当するために集めた。一見それは個人的な事情かもしれない。しかし、もしこれが、「イタリア旅行したいから渡航費がほしい！」というテーマで募っていたとしたら、達成の可能性はほぼ0％に近いだろう。私

図1-4　slowfood youth networkの日本代表としてイベント参加（伊）

は日本の農法についてのプレゼンや海外からの情報収集を目的として渡伊した。おそらく、その活動自体が農業の未来に貢献できる可能性があったため、応援の力で達成したと考えている。つまり、資金の用途を明確にして、皆様から資金を調達する理由を説明するにあたり、他者から共感を得られるかどうかが重要である。

■じゅんさいイベントの企画・運営費の資金集めが、PRにも一躍

次にトライしたのが、２０１７年5月。『秋田県の伝統野菜「じゅんさい」を使ったコースを高知県で提供！』というテーマで、目標金額13万円を設定して、15万6千円を調達した。これは、クラウドファンディングを「飲食チケット」に置き換えた事例として、分かりやすいだろう。私は２０１７年1月、秋田県三種町から秋田県外初・最年少の「じゅんさいの匠」として認定を頂き、じゅんさいの国内・海外へのＰＲを目的とした普及活動をスタートした。

じゅんさいとは、水面に葉を浮かべる水草の一種だ。淡水の沼に生息していて、新芽が食用として摘み取られる。透明なゼリー状のヌメリで覆われていて、不思議な食感の高級食材だ。三種町は、日本のじゅんさいの約90％のシェアを占める「じゅんさいの町」であるが、じゅんさいには大きな課題があった。それは摘み手の高齢化だ。じゅんさいの収穫は機械化ができず、今でも高齢のおばあちゃんたちが小舟に乗り1粒1粒、手作業で摘み取る。農家の大半

は、ほぼ60～80歳で、実際に私も現場で小舟に乗って収穫を体験したが、傾いた小舟でバランスを保ちながら収穫するのは一筋縄ではいかない。その姿勢で1日6時間くらい続けるには、経験と精神力が必要だと感じた。そのわりに生計も立てづらく、じゅんさい農家は年々減少しており、日本のじゅんさい農業の衰退を危惧した。そのため、私はまず、じゅんさい産業の課題に「若者への認知度向上と利用拡大」を置いた。というのも、当時30歳だった私は、食品展示会で三種町のブースを訪問するまで、じゅんさいを食したこともなければ、存在すら知らなかったからだ。旬も7～8月初めと極めて短く、高級食材であるため、一部の懐石料理屋などでしか提供されないじゅんさいは、若い世代の認知度が圧倒的に足りないと感じた。ただ、じゅんさいはポリフェノール含有量も高く、5kcal（100g中）ほどの低カロリー食材。女性に嬉しいポイントも多かったため、「気軽にじゅんさいに触れる場所を創ること」がキーだった。

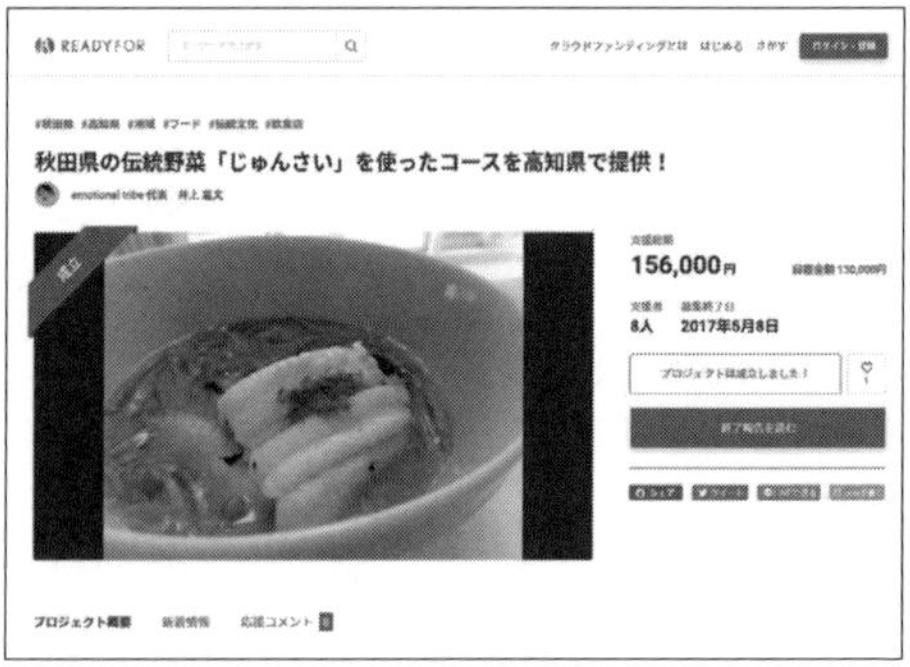

図1-5　クラウドファンディング事例

そこで、じゅんさいの認知度を向上させるため、さまざまな地域の飲食店とコラボレーションをして、斬新なじゅんさい料理の提供をしていきたいと考えて、クラウドファンディングを利用した。若者に対してじゅんさいの美味しさや可能性を知ってもらい、「じゅんさいをつくってみよう！」と決心する担い手の増加と伝統農業を継承することを最終ゴールとした。1回目は高知県のイタリアン、2回目は石垣島のイタリアンでじゅんさいフルコースを提供して、大盛況をおさめた。高知県では、テレビの報道番組の特集も入り、秋田県の新聞各社にも記事として取り上げていただいた。

■前金の機能性を活かし、PRの余波も

クラウドファンディングは、「支援金額＝飲食代」として、チケット代わりにすることも可能である。レストランでイベントを企画する場合、最も面倒なのがドタキャンである。欠席した人の分の店側の食材が無駄になる上、コストはいずれにしてもかかるので、前金での決済がベター。その点でクラウドファンディングではプロジェクトが達成された場合、必ず引き落としがされるため安心できる。また、クラウドファンディングのプロジェクトページ自体は、ネット上で公開されるため、協力レストラン側のＰＲにも繋がる。プロジェクトはｗｅｂ上に掲載されるので、キーワードを盛り込むことでＳＥＯ対策になることはメリットだ。資金調達

が目的であるが、さまざまな特典がついてくるのがクラウドファンディングの魅力だろう。

＊スローフード協会の30歳以下で世界各国から有機生産者やシェフなど「食」に関わる関係者が加盟。地球環境についいて食を通して保全を目指す団体。

Ｑ９　個人の活動に対して継続的に支援をしてもらえるような方法はありますか？

Ａ　はい。活動自体を応援する資金調達サービスが多岐にわたっています。

クラウドファンディングのサービス形態は進化がとまらない。ここでは、通常の業務とはタッチポイントが少ないようなサービスも紹介して、何かのヒントになればと考える。

■事例１　アーティスト向け資金調達プラットフォーム「CHACCA」

現在、音楽消費はＣＤ販売からストリーミングへシフトしてきた。そのため、付随して音楽・エンタメビジネスも変貌を遂げている。例えば、株式会社EnterTech Lab（本社：東京都渋谷区、代表取締役社長：伴幸祐）は、アーティストの人気や情熱に火を付けることをコンセプトに「CHACCA」という資金調達プラットフォームを創設した。これは、アーティスト自身がオンライン上で独自のデジタルエンブレムを発行・販売することでき、収益を獲得できるモデル。エンブレムを所持したファンには優待が贈られ、特別なファンサービスなどを楽しむことができるため、有料会員を募るオンラインサロンのアーティスト版ともいえよう。

■事例2　アーティストの創作活動に対して、ファンが継続支援する「Patreon」

「Patreon」を運営する本社は、アメリカ・カリフォルニアに置かれ、設立は２０１３年。合計の資金調達額は約４７０万ドルを超える（２０１６年時点）。このサービスは、応援したいアーティストが「1曲作ると7ドル支払う」「イラストを1作品つくると10ドル支払う」といった支援を月額で行うものだ。つまり、ファンからの〝定期的な寄付・仕送り〟みたいなイメージである。支援者は見返りとして、アーティストがプロジェクトを無事に達成したら、支援者限定のストリーミング特典などが入手できる。アーティストは作品を制作してPatreonに通知する。Patreonは5～12％の手数料を引いてアーティストに寄付する仕組みだ（プランによって手数料が変動）。この方法であれば、例えば学生時代にバンドマンをしていて、音楽の道を諦めて家業を継ぐために農家や漁師に転身した人も、作曲の制作活動や作品づくりは援助を受けながら、継続できるかもしれない。その場合の見返りは、ストリーミングだけでなく、採れたて野菜や魚を返礼品にするなどオリジナリティーが出せるのではないか。あくまでファンクラブの延長と考えれば、どこかの音楽プロダクションに所属しなくても、２つ目のキャリアがつくれる可能性がある。

２０２０年現在、各企業はSDGsの目標に準じた活動に取り組んでいる。その背景は、企業全体に「社会への貢献度」が求められるようになったからだ。大手企業のパッケージは、森林伐採の抑制のため紙を使用しない動きなども見られる。今後も活動や意思への応援そのものに対して投資する支援の形が、一層高まっていく世の中になると推測する。

第2章

知る

本章では、6次産業化と各企業、自治体が手掛けている地域ブランディングについて取り上げた。他社は、どのような悩みを抱えて、新しい挑戦に取り組んでいるのかを列挙した。そのため、生産者の人たちは事例を研究して、自分の立場と比較し、必要な情報だけを参考にしてほしい。頭の片隅に入れておくだけでも新しいアイデアが沸くかもしれない。一方、自治体の人たちは、食や観光のさまざまな面を合わせて「地域ブランディング」をすることが使命であると思う。観光、雇用、教育など、複合的な観点で地域を盛り上げるための着想が求められているため、いくつか事例を出している。

「全国では、どのような産業革新を行っているだろうか?」

この機会に、6次産業化や社会の取り組みを「知る」ことから始めてみてはどうだろう。

北海道新聞が毎週木曜日に刊行している、せいかつ情報誌『ontona』(vol. 1390　2019年10月10日刊行)で、〝農林漁業の6次産業化〟の特集があり、取材協力をさせていただいた。まだまだ世間で「6次産業化」という言葉を知る関係者は少ないようだ。2015年から6次産業化プランナーという仕事に就いて、4年が過ぎようとする現在で、このテーマで新聞特集がようやく組まれるという事実が、6次産業化の浸透度合いの浅さを物語っている。何もそれは、一般消費者だけではない。実際に6次産業化の全体像を理解し、会得している生産者は少ない。誰かに言われるがまま6次産業化を進めてしまって、後から加工品が売れずに嘆いている生産者も少なくない。そもそも、現在の自分に6次産業化が必要なのだろうか？　それを認識するには、まず知識が必要なのではないか。

冒頭でも話をしたが、6次産業化の取り組み自体は、生産者にとってゴールではないはずだ。6次産業化は、企業・個人の経営企画のひとつの手段であり、将来を見据えてスタートするべきである。身近な例を挙げるなら、6次産業化には〝マイホームの設計〟の思考が要る。家の設計は、最初に完成型をイメージすることが定石であると思う。「将来的に、子どもが生まれたらもう1つ部屋がいる」「母を万が一迎える時には増築する可能性があるかも」など、将来の予測を立ててから作り始める。その上で、現時点の生活状況、予算、間取り、規模、土台や導線を考えるはずだ。それを怠ると、人生の途中で内装工事か引越しが必要になる。もしくは改修を諦めて、〝妥協と後悔が同居する家〟になってしまう可能性がある。6次産業化も規模は違ったとしても、同様に〝イメージ〟がとても大切である。現在から推測される未来や利益目標から逆算をして、イメージしながら商品やブランドを設計していくとよい。在庫管理やブランディング（ブランドを価値を上げる作業）をする際、まずはイメージをしてみてほしい。

また、6次産業化は観光資源を磨き上げる上でも各自治体で活用されている。インバウンド観光を支援するためにはさまざまな補助金があり、2018年4月から、DMO（Destination management organization）から観光庁に対して補助金申請をすることができるようになった。例えば、「観光立国ショーケース」の選定都市である釧路市は、観光庁以外の省庁からの補助金や支援も優先的に受けることができることで有名である。多角的なコンテンツをつくり、日本政府観光局（JNTO）のSNSなども活用するなど、誘致したい相手に対して効果的なチャネルでプロモーションをしている自治体が目立ってきた。

そんな経緯があって、社会が取り組む公共×民間、福祉×民間など、6次産業化や地域ブランディングにまつわる事例を提供した。また広義な意味で「マーケティング」と言われても、言葉が分かりにくい。ましてや専門用語の横文字を出されても馴染みがないという人も多いだろう。そのため、世間で賑やかになっているワードの数々について、事例を交えて解説させていただいたので、少しでも参考になればと思う。

Q10　6次産業化って何ですか？

A　産業のかけ算「1×2×3＝6」から来た言葉です。

6次産業化とは農林漁業者が生産（1次産業）だけでなく、加工（2次産業）、流通（3次産業）も行うことで、経営の多角化を図り新しい産業を形成しようとする取り組みのことである。

例えば、東北で人参を栽培する農家Nさんがいたとする。Nさんは人参を栽培してスーパーや八百屋に出荷している（1次産業）。Nさんは、キズがついた規格外の人参が余っていて、それを廃棄するのではなく、キャッシュに変えようと考えた。そこで人参を茹でて、皮をむき、ジュースに加工することにした（2次産業）。そして、Nさんは「雪下にんじんでつくった甘〜いジュース」という商品名をつけて、人参の収穫が落ち着いた時期の商品として、全国へ流通させた（3次産業）。

この一連の流れが、6次産業化である。

では、成功事例として代表的なのものは、どんなものがあるか。

ＪＲ東日本新潟支社の酒米を育てて蔵元と連携した日本酒「新潟しゅぽっぽ」プロジェクトは優秀な事例だと思う。鉄道会社×６次産業化という新しい切り口がユニークだった。

ＪＲ東日本はもともと物流網・販路の強みを生かして、マーケティング・６次産業化支援をしていた先駆者であり、上野駅などに地産品のコンセプトショップ「のもの」を設置していることも記憶に新しい。

そんな取り組みの中で、ＪＲ東日本は新潟市に農業特区を活用して農業法人「ＪＲ新潟ファーム」を設立し、酒造好適米の「五百万石」という酒米づくりをスタートさせた。４つの蔵元が、この酒米を使用して「新潟しゅぽっぽ」という日本酒を醸造していて、よく県内の駅中ストアなどでも見かける商品である。

４社とも同じ精米歩合（58％）、アルコール度数（15％）という同一の規格ではあるが、味わいと香りが異なっており、飲み比べ

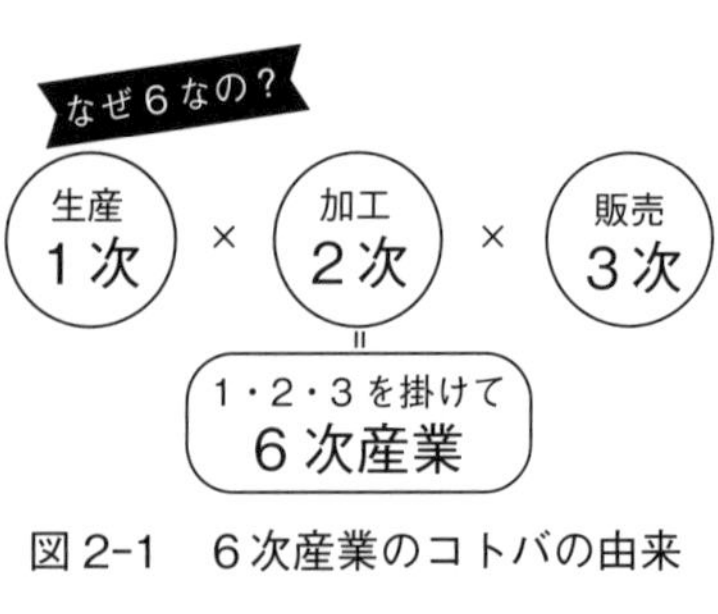

図2-1　6次産業のコトバの由来

をすることで醸造者の個性が楽しめる本格派だ。

販路先も新潟駅銘品館、ＪＲ東日本の通販、車内限定販売（上越新幹線の観光列車で１合瓶４本とオリジナルのおちょこをセット）など、出口戦略まで用意周到。最大限に自社のリソースを活用している点が、実に素晴らしい。

他にも５月に酒米の生産、９月は稲刈り、10～11月は日本酒仕込みといったツアーを企画することで、新潟の観光振興・地域発見のプロジェクトとして新潟県に観光客を誘致させる仕掛けをつくっていた。レストランバスツアーの実地で日本酒と料理マリアージュを体感。また、蔵元巡りや燕三条でものづくりを体験してもらう点が、商品だけでなく、総合的なコンテンツを作っている良い見本ではないかと思う。

今後も、６次産業化は農林水産省が推進させていく領域であるが、その〝質〟を問われている。そのため、私たちプランナーも新しい戦略や提案が求められるので、やりがいは大きい。

Q11　優秀なプランナーやコンサルタントを選ぶコツはありませんか？

A　ポイントは、3点あると思います。

1　情報更新力＆スピード感のある人

もし、依頼した専門家（プランナー）から提案される内容の多くが旧聞に属していたら、大きな期待はできないと思う。おそらく情報収集に疎く、戦略がマンネリ化している証拠だからだ。その人のプランニング思考は〝いつかの当時〟で停まっている。硬直化した一辺倒の企画や提案をしてくるような専門家は要注意である。本来、プランナーはクライアントよりも知識を有し、生産者が知らない着想と的確な提案をすることが使命である。頭の回転が速く、業界、商品知識だけではなく、広告、ＩＴ、ファッション、海外マーケット、外食など「6次産業」に一見関わらないような分野にも常にアンテナを張ることが不可欠。恐ろしいほど速いテンポで消費者の嗜好や価値観が変化する現代で、柔軟に対応できる、努力を怠らない人が望ましいと思う。

2　経営視点をもち合わせ、組織化ができる人

組織づくりとマネジメント能力の高いプランナーを選んだ方が断然よい。プランナーの役割は、個々の課題を解決するために「組織化」を促すサポート役でもあるからだ。生産者は生産に80％くらい集中できるように営業、広告、ＩＴ分野はその分野に強い人間を入れて、外部の専門家と一緒にチームを設計することが理想である。そのためには役割分担と得意分野を適材適所に割り振ることができる人間が相応しいと考える。チーム内に評論家のような腕を拱《こまぬ》く人や、昔の功績を語る気位が高い人は必要ない。実際にプロジェクトを一緒にストレスなく進められて、周りの人間を巻き込むことが得意な「自走」タイプの人をお薦めする。

3　多様な価値観を提案できる環境にいる人

人は自分の目に見えない世界を想像することは難しい。戦争や震災の被害に遭われた人の痛みや苦しみは、どんなに想像しても実際に体感した人と同等には共感ができないのと一緒である。人生において、生まれ住む町から出たことがなくて、地域密着で仕事をしている人が、首都圏の生活ニーズを把握するには情報源が少ないと考える。他にも、年収２４０万円の暮らしと年収２４００万円の暮らしは、大きく異なる。暮らしにおける住居、インテリア、食、環

境、出逢う人々、そして生き方の価値観すら異なるだろう。その価値観を想像することは、決して容易ではない。だからこそ、地域外から専門家を招聘することに意味がある。ちなみに私は、自分自身の年収が残念ながら2000万円には及んでいないので、〝富裕層〟ターゲットの事業や商品開発においては、経営者やビジネスの先輩から直接、情報を収集するようにしている。周りには年収が2000〜5000万円クラスの人が数多くいるからだ。情報の質や色が違ってくるので、新しい発見が多く、そうした人たちからのフィードバックや意見を参考にしている。

Q12　販路開拓の方法は、展示会の出展がベストですか？

A　御社の事業フェーズがどこにあるかによります。

■展示会出展は、本当に必要なのか？

「トヨタ自動車は今秋、1977年から継続して出展してきた世界最大級のドイツ・フランクフルトモーターショーへの参加を見送る」（日経新聞2019年7月1日、5企業欄）という記事に妙に納得してしまった。SNSの普及で情報収集のアプローチが多様になり、費用対効果が薄いと判断したためだ。実は、車に限らず、時計・宝飾でも「見本市離れ」が起きている。目的がなければ、伝統的なイベントに継続して出続けていても効果が少ないということだ。それは、私が食品展示会でブース出展する企業のサポートをしていて感じた課題と同じだった。日本では、毎年2、3月を筆頭に、さまざまな場所で食品展示会が行われるが、成約率（＝取引に繋がる結果）は、恐ろしいほど低いように思える。まるで、当てもない期待に胸を膨らませながら異業種交流会に参加をして、後日、不要な名刺が山積みとなる現象に近いだろうか。

私はこれまで国内外で10回以上、展示会や商談会のフォローアップをした経験がある。3日ぐらい続く国内展示会では、交換する名刺は合計で約100~300枚にのぼる。その中から全員にアプローチをして、約3~5社が成約することが多かったが、いずれも初回の取引なので5万円以下だとすると、合計15万円程度の売上である。それに対して最低約30~50万円の展示会出店費用、現地までの交通費、宿泊費、商品サンプル代、自分を含めた人件費の合計に対して、費用対効果は果たして見合っているだろうか？　まずは、展示会に出るための想定コストを認識してから出展の判断をすべきである。なにより大切なことは、〝出展するタイミング〟だ。展示会・商談会への参加は、商品ができる前やできたて時期には向かない。コンバージョンが悪すぎるからである。数十年も連続して必ず展示会に出ている食品企業があるが、彼らは「企業ＰＲ」のために参加している。企業ブランドイメージの発信をしながら、サラっと新商品発表もして、年1回の全国の取引先との挨拶の場として展示会を利用しているのだ。つまり、目をギラつかせて新しい販路開拓を焦る必要のないフェーズにいるような余裕のある企業には、展示会参加は向いていると思う。

では、展示会の出展なくして販路のきっかけをどのように創ればよいのか？　最もコストを抑えられる方法が自社のＳＮＳによる発信と直営業だ。Facebook、インスタグラムなどでＤＭやメール、ＦＡＸで営業をするのが早い。今、外食産業も各店が必死にＳＮＳを活用している。そのため、自社の青果品に興味がありそうなホテル・レストランには、直接インスタグラムなどのＤＭで連絡してみるとよい。特に首都圏のシェフは、横の繋がりが強いので、そこから紹介を受ける可能性も十分にあるのだ。

Q13　公民連携で、井上さんが注目した事例は何ですか？

A　豊岡市の取り組みです。

■そもそも公民連携とは何か？

公民連携（Public Private Partnership／通称 PPP）は、激化する自治体間競争に対応するために、自治体が外部の企業や団体と連携・協力していく取り組みを指す。各自治体は、公民連携による地方創生を目指していきたいところだが、実際は東京都や神奈川県など都市圏に位置する自治体が実践するものの、地方圏では公民連携が少ないのが現状だ（出典：全国47都道府県議会議事録横断検索）。そこで、日本海に面した兵庫県北部の中心都市である豊岡市の取り組みを具体例に挙げて、公民連携をもっと身近にしたいと思う。豊岡市は地方創生として人口8万人＋αを目指し「小さな世界都市（Local & Global City）」を掲げてさまざまな施策をしている。

1　伝統を生かした観光振興

まず豊岡市は、温泉街は「ゴールデン・ルート」から外れているものの城崎温泉を核に外国人宿泊客数を２０１１年からの５年で40倍に伸ばした。２０１２年11月にはＪＡＬと「JAPAN PROJECT」で特集を組み、コウノトリ但馬空港（以後、但馬空港）の利用増も促した。私は年に50回以上の出張をするが、ＪＡＬの機内誌『SKYWARD』を読むのが楽しみのひとつだ。この機内誌で「食」や「温泉」を切り口に、豊岡市の魅力をたびたび紹介していたのが記憶に新しい。また２０１６年には、豊岡市の魅力を高める官民連携のＤＭＯ（地域と協同して観光地域づくりを実施

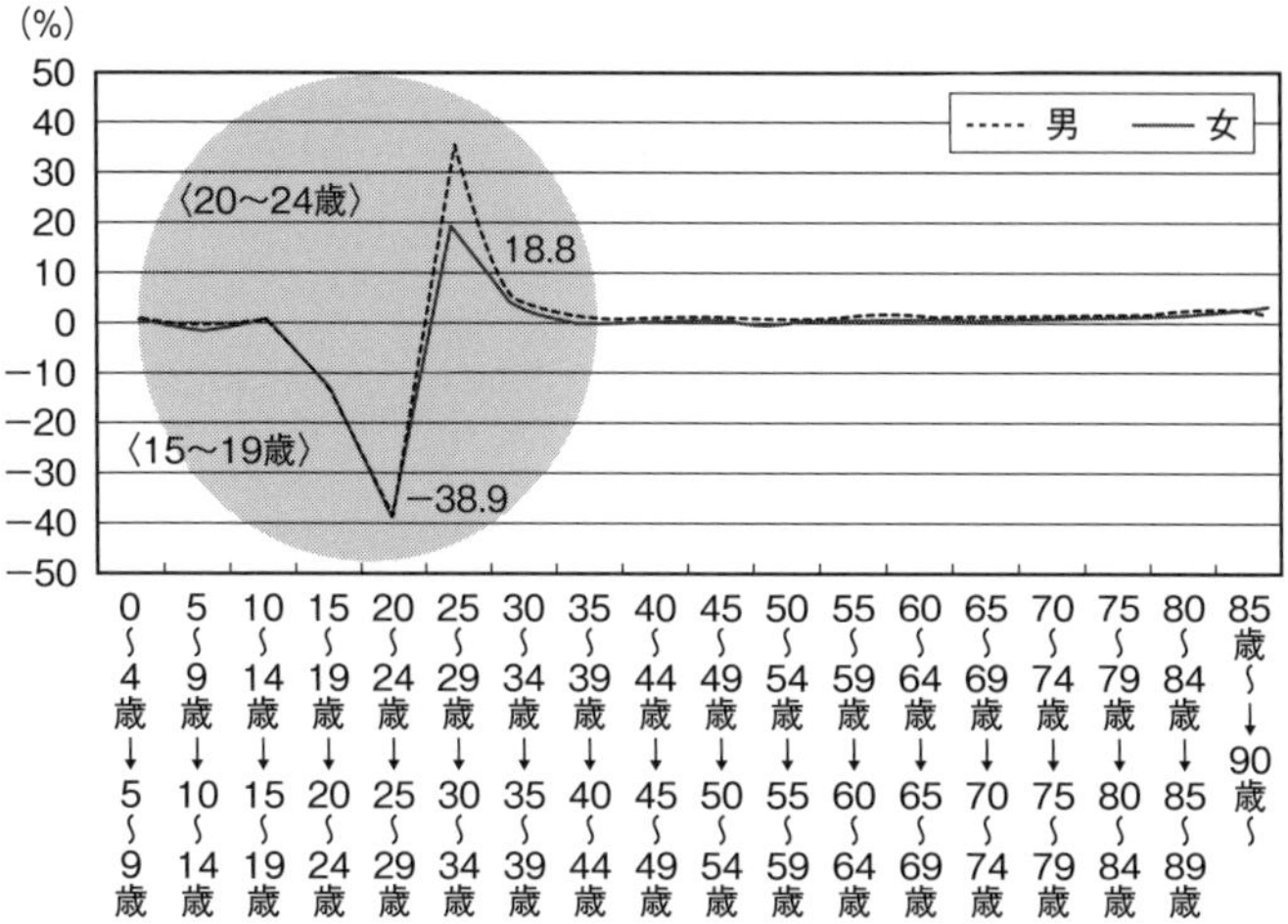

図2-2　豊岡市 年齢性別・純移動率（2010→2015年）
『地域活性のベストプラクティス自治体の視点』

する法人）「一般社団法人豊岡観光イノベーション」も発足している。

2　舞台芸術の振興

豊岡市はアートを通じた誘致方法も斬新だ。例えば、２０１４年には「城崎国際アートセンター」をオープンさせて、世界中から公募で選ばれたアーティストを３か月まで滞在できるようにした。滞在希望者は世界各地から寄せられているので、国内外の著名なアーティストから若手育成の場にもなっている点がユニークだ。

3　生物多様の農業と新しい6次産業化

環境都市「豊岡エコバレー」の実現として、豊岡市はコウノトリの野生復帰に取り組んだことで、１００羽を超えるコウノトリが暮らせるまでになった。そして、市では農薬や化学肥料に頼らない「コウノトリ育む農法」を推進している。コウノトリの餌となる生き物をともに育てる農法で栽培した〝農薬不使用米〟は、慣行栽培米の約1・6倍の価格がつくブランド米になった。また栽培において、豊岡市はＫＤＤＩと公民連携を検討。例えば水田を空撮し、害虫の発生が確認された場所にのみピンポイントで農薬を散布することや、水田に張った水の深さを感知する監視システムの導入を予定しているとのことで農薬コストと生態系への負荷削減、収量の高位安定が期待できそうだ。このように豊岡市が取り組んだような公民連携は、今後も積極化することが予想される。

Q14　井上さんが支援した食品以外の企業はありますか？

A　高知県の和紙企業の海外輸出の支援をしたことがあります。

高知県・いの町に所在する内外典具帖紙㈱は、創業1877年から和紙を製造しており、ドイツの業者との取引をタイプライターの時代から今でも継続するような由緒正しき和紙メーカーだ。同社の支援が、食品業界ではない支援先として記憶に新しい。

2017年の春、私はある報道番組の中でビジネスヒントを得た。「ポーランドのバイヤーが日本に和紙の買いつけに来ている」という内容。なんでも博物館の館長で、古書を修復するために日本の和紙のPH値が最適であるそうで、定期的に購入しているようだ。「これは、面白い」と、即座に私はその情報をノートにとって、日本の和紙の海外マーケットを調べていった。そして、名刺ファイルを捲って、2年ぶりに岡恭子会長に電話をしたことで支援がスタートした。

「日本の和紙市場が縮小していく中で、海外に目を向けないといけない」。懇意にしている同社の岡義隆さんは、当時そのように経営課題を語っていた。そこで、百聞は一見に如かず。自分たちの肌で海外マーケットを調査するために、日本の伝統工芸（クラフト）・骨董品を扱うような海外の商談会や展示会に出店をする計画を立てた。私は通訳＆海外営業として、現場での同行サポートをすることになった。ただ、問題は予算だ。当初は、輸出先の候補国として欧州を考えていたが、欧州への展示会出店料や渡航費、宿泊費などを考えると約２５０万円程度の見積りとなり、なかなか経営状況として難しかった。

そこで「経営革新・外商支援事業費補助金」の補助金を活用することを決め、海外の商談会先もアジアに変更した。結果的に、補助金を活用して、ベトナム・ハノイでの商談会に参加できた。ベトナムはもともと紙文化が強く、現地の日本食レストランは古典的な「ＴＨＥ・日本」を感じさせるような内装が多いため、店内で和紙を使用する頻度が高いという仮説を立てた。私も営業として和紙全体の知識を深めるため、出

図2-3　内外典具帖紙の土佐巻き和紙

発前には3回にわたり楮《こうぞ》の生産者と面会。楮とは、和紙の原料であり、楮栽培は林業にあたるため、6次産業化プランナー派遣制度を活用していただき、いの町で和紙ができる工程を学んだ。

「経営革新・外商支援事業費補助金」にも事業者のプレゼンが必要であるため、岡さんには電話で何度も模擬面接を繰り返して、言い回しや表現を修正した。海外の商談では途中、いくつかのトラブルがあったものの、アジアのマーケットを把握することができて、新しい課題も見えた。修復紙としての和紙の需要は、ベトナムではまだ低かった。どちらかというと、何かの「商品」として実用性があることが最低条件であることを発見し、バイヤーへの再提案を模索中だ。2019年9月には、岡さんが所属する「いの町商工会青年部」からの依頼で「令和の消費トレンドとコンテンツマーケティング」という講演会も実現して、今でも交流が続いている。遠く離れた四国の友の存在に感謝をしている。

図2-4　内外典具帖紙㈱の皆さまと

Q15　井上さんが印象に残った自治体のブランディングはありますか？

A　阿智村が打ち出した「日本一の星空の村」という着眼点です。

地方創生やUSP（Unique Selling Proposition ＝差異化）のヒントは、この事例に凝縮されている。それが、阿智村の着眼点だ。

阿智村は、長野県の南端、岐阜県との県境に近い下伊那郡に位置しており、総面積の約90％に当たる中央アルプスの深い山々に囲まれた人口約６４００人の静かな村だ。村には、１９７３年に出湯した新しい温泉郷「昼神温泉」がある。「２０１１年にっぽんの温泉１００選」（主催・観光経済新社）にも選ばれている。そんな阿智村は、近くに中央自動車道のインターチェンジができた当時は、名古屋から高速バスで2時間という利便性を活かして法人団体客を賑わせたが、２００５年の愛知万博（愛・地球博）以降に団体客が急減し、低迷した。そんな状況に危機感を覚えた人がいた。

それが当時、旅館の企画課長をしていた松下仁さん。「このままでは子どもたちの世代に阿智村を残せなくなる」と考えて、有志と一緒に打開策を考えた。最初にＵＳＰの洗い出しとして「阿智村ならではの強みは何か？」を考えた。日本全国には温泉郷が山ほどあるので、温泉だけでは差別化には乏しく、話し合いは平行線だったそうだ。

しかし、ある日の雑談からヒントが得られた。それは、こんな一言だった。「阿智村にはスキー場があり、スタッフは夏場、夜中に専用ゴンドラを動かして、麓から15分かけて山頂に上がって星空を見ているらしい」というものだ。すぐに松下さんたちはゴンドラに乗って星空を見に行ったそうだ。すると、そこには驚くほどの満天の星が広がっており、これをＵＳＰに転換したことで、「天空の楽園　日本一の星空ナイトツアー」のコンセプトができあがった。阿智村は、市街地から離れているため光量が少なく、早くから星空が綺麗に見えるエリアで、天文愛好家を集めていたのだ。２００６年、環境省の全国星空継続観測で「星が最も輝いて見える場所」第一位にも認定されている。口コミで瞬く間にこの星空の認知は広がり、２０１２年度のツアー参加者は６０００名にものぼった。13年度は2万２０００名、14年度は3万３０００名と、参加者はうなぎ登りに増加していった。２０１６年12月からは冬季限定で、星と宇宙をテーマにした星空体験型エンターテイメントパーク「天空の楽園 Winter Night Tour」を開始するなど、現在は年間10万人を超える観光客が参加するプログラムに成長している。

２０１３年11月から、村の店舗で利用できる「スターコイン」の流通を開始する一方で、地域住民向けには、天体や阿智村についての知識レベル向上を目指して「スターマイスター認定試験」を実施。来訪者との交流を深めていく活動をけん引する狙いがある。このように阿智村は、「星空が日本一よく見える村」として認められ、見事にブランディングに成功したように思う。

Q16　生産者が運営する外食事業の優良事例で共通点はありますか？

A　端材やロスをお金に換えられるかどうかがポイントだと思います。

農家のような1次生産者が飲食業を経営することも「6次産業化」のひとつ。しかし、生産とサービス業では、経営のノウハウが異なり、飲食店・食堂の経営は一筋縄ではいかない。経営者として視点も異なり、飲食業界やマネジメントに精通している者でなければ、店が育たない。一方で、自社のリソースを最大限に活用した6次産業店の成功事例もあるので紹介したい。

■仕入れをしない店で、ガッチリ

私が以前に支援をした道の駅併設の飲食店では、ランチタイムで使用する野菜を農家から集めているものの、当日にどの野菜が余るかが予測が立たず、別の八百屋から仕入れをしていてコストが圧迫。売上が思うように伸びなかったことがある。その点で都内で複数の飲食店舗を運営しているALL FARM（東京・渋谷）は、6次化店舗のすばらしい事例だと感じる。目黒店は2019年4月にオープンしたが、ポイントは「すべて自社農園から野菜を調達して市場からの仕入れをしないこと」だ。また野菜は有機無農薬栽培で、種は業種から「F1種」を購入するのではなく、自家採取できる固定種の野菜にこだわっている。フランスでブームに火がついたケールも年間を通して10種程度の品種を栽培しているそうだ。（参考：日経MJ2019年7月12日）

■牛肉の部位をくまなく使い、おいしく届ける店で、ガッチリ

岩手県北上市にある農業生産法人 西部開発農産は、直営焼肉店「せいぶ農産発 焼肉DINING まるぎゅう」で繁盛しているようだ。ブランド牛の「きたかみ牛」を生産しており、農地は4月時点で850ha、和牛の飼育は250頭を超える。月商は約1000万円強で、自家製ハンバーグなどが人気メニューなのだが、ポイントは牛肉、米、味噌などが100%自社製であることだ。「きたかみ牛 ハンバーグ」には、肉の成形時に発生する端材を使用して原価率をカット。きたかみ牛は和牛の特級でトップクラスのA4、A5クラスに限られるので、端材でも脂が乗って旨味は強いため、お客様にもリーズナブルな価格で提供できる。原材料の7割を自社の作物で賄える強みが経営を安定させていることが分かる。このような事例を分析しても明瞭であるが、もし、あなたが6次産業化の一環で飲食店の経営を視野に入れる場合、

「自社調達と余剰（またはロス）の比率がどのくらいか?」という軸を意識すると合理的だろう。農家であれば自社のB品野菜（キズがあって売れないものなど）を活用したメニュー展開や、自社の鶏卵を使ったスイーツショップなど。ランチタイムのビュッフェで自社の野菜を使用して、さらに総菜も同時販売する方法などは、調達コストを抑えられる。料理にしてしまえば、美味しさは変わらないし、キズものも使えるのだ。飲食業をスタートする前には、自社の廃棄していた食材をいかにキャッシュに転換できるかを考えると経営しやすいと思う。

Q17　新しい6次産業化で求められるものは何ですか？

A　食×αのコンテンツマーケティングです。

コンテンツマーケティングとは、課題を解決するための複合的なコンテンツを継続的に提供する手法。生活者はコンテンツに対して、コメントを残す、シェアするなど、双方向のコミュニケーションに発展するので、声を拾いやすいことが特徴だ。ここではコンテンツマーケティングの大きなメリットを2つ伝える。

■広告宣伝費のカットができる

例えば、人気テレビ番組のワンクール（四半期）でCMを放送すると1億～2億円程度、国内最大のポータルサイト「YAHOOジャパン」のトップページに大型広告を1週間掲載すると最低でも約850万円かかると言われている。大手企業の生活消費財・飲料・食品メーカーでは、新商品の発売と同時に広告費用を投下して商品を露出する販売促進が経済的に可能だし、効果も見込めるだろう。ただし他社の新商品や、安売りの商品が登場すれば、次々とそちらに乗り換える自由が消費者にはある。そのため、中小企業が消費者のペースに合わせたPR戦略を続けると、予算が続かないのだ。一方で、コンテンツ企画&発信は広告宣伝費を大幅に抑えられる。メディアに広告費を支払って宣伝するのではなく自社メディアで自ら情報を発信することで費用を圧倒的に低く抑えられて、投資対効果が高い。

■顧客ロイヤリティの向上につながる

顧客ロイヤリティとは、簡単にいうとあなたの〝ファン〟。好きなブランドの商品を生活者が繰り返し愛用していて、類似商品の方がたとえ安かったとしても、目移りすることなく購入してくれる忠誠心を指す。コンテンツマーケティングは、この顧客のロイヤリティ(忠誠度)を向上させられる効果がある。

例えば、新商品の発売と同時に、広告費用を投下して商品を露出したとしよう。テレビCMを見てもわかるように、大手企業の生活消費財・飲料・食品メーカーでは、この手の販売促進手法が可能であるし、効果も見込めるので実行している。ただ生活者は、他社の新商品や、安売りの商品が登場すれば、次々とそちらに乗り換える自由がある。そのため、消費者のペースに合わせた販売戦略を続けると、予算が続かない。一方で、コンテンツマーケティングの取り組みは、顧客に寄り添ったコンテンツを提供していくことで、顧客の信頼感を獲得する方法をとる。ロイヤリティを高め、商品やブランドのファンを増やしていくのだ。

結局、人は、ブランドや店への愛着を含めた〝エモーション（感情）〟が最終的な物差しとなるだろう。「好き」という感情やブランドへの信頼性から商品やサービスを受け入れるからだ。つまり、６次産業化で儲かる商品をつくっていくための戦略のひとつは、商品だけではなく、付随するコンテンツを自らで思案して、〝あなたのファンを楽しませること〟であると私は考えている。

Q18 マーケティングの用語で覚えておくものはありますか？

A 「エンゲージメント」と「コンバージョン」をセットで抑えましょう。

まずエンゲージメントという言葉は多業界で使われているので、例をあげてニュアンスを掴んでほしい。

マーケティングの世界でエンゲージメントとは、企業やブランドと消費者との関係性を指す。メッセージを通じて共感や信頼を高めていくことを「エンゲージメントを高める」といい、「ロイヤリティ」（ブランドへの愛着、忠誠）と似た意味で使われる。

人事・組織改革の世界では〝会社の従業員が仕事に生き生きと向き合う度合い〟を指す。これは、言われたことだけを忠実にこなす受け身の働き方ではなく、物事に対して主体的・意欲的に取り組む姿勢であり、生産性に大きく関与する。エンゲージメントが高い組織は、欠勤率、労災の発生率、法令違反などの事象も少なくなるという報告すらある。ちなみにエンゲージメントは、アメリカのＩＢＭが国別の比較調査をしているが、日本はどの調査でも最下位近辺をうろうろしているそうだ（参考　日本経済新聞2019年7月1日）。

さてデジタルコンテンツの世界では、SNSにおいて、ユーザーからの反応を総称してエンゲージメントと呼ぶ場合が多い。インスタグラムやFacebookでは、投稿した写真への「いいね！」やコメント、フォローなど可視化しにくい反応を測る指標としてエンゲージメントと呼んでおり、ブランディングの効果測定の指標としている場合もある。

では、ここまでで、なんとなくエンゲージメントが理解できたと思うが、このエンゲージメントを高めるとどうなるか？

それが、コンバージョン率（以下、CVRと称す）の増加だ。CVRとは、商品の購入、資料請求、サービスの成約といったビジネスの最終成果へ転換した割合のことを指す。例えば、あなたは養殖のブリを育てていて、加工品をECサイト（インターネット上で商品・サービスの売買ができるサイト）で販売したとする。そのECサイトに毎月1000人の訪問者がいて、月に1人が購入してくれたとしたら、月間CVRは1％だ。

ちなみにインスタグラムのようなアーンドメディアは、信頼や評判を獲得するためのメディアという位置づけにあるので、それだけではCVRを稼ぐのは難しいと言われている。しかし、インスタグラムで直接的に投稿を見てもらうには、フォロワーを増やす必要があるため、フォロワーを増やすこと、すなわちエンゲージメントを高めてファンをつくることは、購入者になってくれる確率を必然的に増やすことに繋がる。そのため、コンバージョンにつながる外部サイトへの誘導を増やすためのルートをたくさん創っていき、時にはコメントをしてくれたユーザーに対して返信（アクション）をして、顧客のエンゲージメントを高めていく努力が必要なのである。

「エンゲージメント」と「コンバージョン」を意識して、御社の売上を上げていこう。

Q19　数字の裏付けが大事だと聞きますが、統計だけを見て商品企画すべきですか？

A　数字そのものよりも、数字の捉え方と想像力の方が大事だと思います。

統計の数字だけに頼ったマーケティングは〝解釈の誤算〟が生じて少し危険であることを解説する。例えば、統計で「60歳以上の高血圧者の割合が50％以上」というデータがあり、あなたが企業のR＆Dかマーケティング担当ならば、この統計結果をどう捉えるか？『高血圧の人や糖尿病の予備軍は、塩分摂取に制限があるので、「減塩」をテーマに商品化を進めよう！』と確信して、減塩味噌、減塩の塩辛などの商品企画をしてみたが、鳴かず飛ばずの商品になってしまったなんていうこともある。このように統計データや数的リサーチだけをベースにした、近視眼的な商品開発に〝解釈の誤算〟は起こりやすい。予防策は、「リアルな情報」もセットに収集することだ。ちなみに上述した例は、実体験に基づいている。

弊社ではドライフルーツ＆ナッツアカデミーという、ドライフルーツとナッツの検定資格を発行しており、これまで延べ約３００名（２０２０年2月現在）の方が受講している。当社では希望者には、ドライフルーツやナッツを加えたライフスタイルの提案をしている。

　具体的にはクライアントの3週間の食生活(朝、昼、夜、間食)を週に1回、写真で提出していただき、その人に足りていない栄養素や食生活のクセを分析して、腸内環境が整う食生活をコーチングする。メディアに取り上げられるダイエットが、遺伝子が違う万人に必ずしも合っているとは限らない。人真似をしても効果がなければ意味がないため、弊社では、その人に合った「オンリーワンの食習慣を一緒につくる」ことで、リバウンドを防ぎ、継続して美しいカラダを目指す。

　そんなクライアントの献立の報告の中で、「和食は完璧な食事」というイメージをもつ人

図2-5　和食の王道の献立イメージ

が多いことを発見した。確かに日本食は脂質が少なく、ヘルシーであるが、実は塩分を摂りすぎる傾向にある。でも、その事実は周知されていないようだ。それもそのはずで「減塩」を意識して遂行する人たちの多くは、お年寄りや腎臓疾患、糖尿病予備軍などの方など、病院に通院していて「医師の指導」が背景にある方が多い。つまり、私たちは正しい塩分の知識を得るようになるのは、健康を意識するキッカケができたときくらいなのだ。実際、２０１９年７月31日の日経ＭＪの記事で吉野家とモスフードサービスが日精医療食品（東京・千代田）と組んで塩分を抑えた牛丼やバーガーを提供することが記事になっていたが、配送先は病院や介護施設だった。

そのため、たとえ「高血圧者の割合が50％以上」という数字データがあっても、「塩分の摂りすぎ」という物差しが人によって異なれば、減塩商品は売れづらいのかもしれない。正しい減塩を知る日本人が少ないからだ。このように、企業側は数字を複数の視点から捉える必要がある。統計は商品開発で非常に大切な要素であるが、その数字を鵜呑みにせず、測れない人間の習性や行動にも注意をして商品企画をしていくとよいと思う。

Q20　今更ですが、「インサイト分析」って端的に言うと何でしょうか？

A　「経験と創造力で相手を思いやる分析」のことです。

マーケティングの醍醐味は、「モノやコトを欲しい」と思う気持ちの根源を知ること、つまり〝物事の本質〟を理解することだ。企業は、消費者の本質的なニーズを正しく把握し、それにマッチ（適合）した製品やサービスを作り、提供することが必要になるため、弊社は、この「消費者インサイト」に着目して企業のマーケティングのサポート、商品プロデュースを行っている。

インサイトとは、消費者自身も気づいていない行動・動機・心理・ニーズの全般を指す。「人の行動は意識している部分が5％程度で、無意識が95％」という研究結果も有名であるが、人がもつ無意識の領域こそが、真の消費者理解に繋がると考えられている。そのため、人の深層心理に対して訴求をする広告・マーケティングの業界では、インサイトは非常に重要な概念となっている。人々は現実の生活の中で、さまざまな「満たされない気持ち」を抱いている。

理想と現実には往々にしてギャップが生じている。誰しもが、このギャップを解消したいという気持ちをもっている。それがインサイトであり、課題の解決をしてくれる製品やサービスを人は求めている。でもそれが、表面化するほど人間はシンプルではない。だからこそ、生活者自身も自覚していない思いや行動を洞察して、汲んであげる〝思いやりのあるマーケティング〟が、私はインサイト分析だと定義している。

■本当は、何を求めているのか？

事例として、「ドライフルーツが欲しい」と感じて毎日食べている主婦Aさんのインサイトを例にあげる。Aさんはドライフルーツを食べる理由を「手軽に栄養補給ができるから」と弊社が行った市場調査の中で発言した。しかし、インサイトは別にあった。ドライフルーツは生の果物と違い、洗浄、皮むき、種とりは不要だ。子育てに忙しいAさんは朝食に手軽な食材を無意識に選んでいた。

そう考えると、ドライフルーツが欲しい理由は、「朝の時間確保にピッタリだから」であって、「家事に追われない状況を創りたい」というインサイトが浮き彫りになる。つまり、Aさんの理想と現実のギャップを埋める手段は、なにもドライフルーツだけでなく、「家事の忙しさから解放される食品」であればよい。「栄養満点の冷凍スムージーセット」とか、ましてや

「朝だけの家事代行サービス」でも解決できるかもしれない。このように、企業が正しく消費者インサイトを分析すると、新しいビジネスや商品を着想できる。大切なことは、インサイト分析は「想像力」が求められることだ。インサイトは、生活者自身も気がついていない行動や動機であるため、ヒヤリングのリサーチだけでは捉えられないことが多い。生活者の行動パターン・情報をもとに、マーケッター自身が主体的に仮説を立案↓検証↓考察するサイクルが必要不可欠であると感じる。

Q21　小さい企業が海外輸出を始める上でのポイントはありますか？

A　「価格設定」と「情報発信の準備」です。

私も新聞記事を読んで驚いた。じっくりと時間をかけて最高の茶葉から抽出され、お洒落な瓶ボトルに入ったお茶が、シンガポールでの販売価格が日本円にして1本（750ml）20万円で取引されたと書いてあったからだ。

神奈川県茅ケ崎市、ロイヤルブルーティージャパン㈱（代表取締役：吉本桂子氏）の高級茶は、旅客機のファーストクラスや日本国内のホテルのレストランで提供。売れ筋の価格帯は1本5000円前後でロイヤルブルーティージャパン㈱の日本茶は伊勢志摩サミットでも振る舞われた。日本茶は、同じ茶畑でも出来は日当たりによっても変わるため茶葉を厳選しているそうで、原料は国内生産茶葉の0・0001％に入る最高級品を使う拘りようだ。お茶の成分を損なわないように水出しで3～6時間かけて1本ずつ作り、高級感を演出するためにワインボトルに詰めた。

そのような丁寧な仕事で海外からの引き合いを増やし、2016年3月には新工場も設立。日本から冷蔵輸送できる地域は限られているので、商圏としても香港とシンガポールに狙いを定めた。美術品と同じ扱いで搬送するように物流会社に頼んだところ、結果的に小売価格が日本国内の3倍になってしまったそうだ。それでも、〝ブランド価値〟を優先して、ネット販売に限定したところ、売上を伸ばしたそうだ。

この事例からも分かるように、日本から商品を輸出する場合にはいくつかポイントがある。野菜や果物の生鮮物を大量に輸出する場合を除き、あくまで中小企業が輸出にチャレンジする場合のポイントでは、下記の3つを抑えておくと可能性が上がりそうだ。

①高級感（実際に単価が高い）があること
②日本らしさがあること
③デザインの配慮があること

■海外輸出の際にもソーシャルメディアは有効

写真投稿アプリのインスタグラムや動画プラットフォームのYoutubeは、「非言語メディア」であるので、言語の壁を簡単に越えることができる点は強い。外国語が苦手な担当者でも、写真にハッシュタグを付けて公開すれば、世界中のユーザーから「いいね！」やコメントが集まり、拡散される。つまり、今では海外のバイヤーとマッチングする商談会に出席をしなくともダイレクトでバイヤーやレストランシェフと繋がることができる。ソーシャルメディアでコミュニケーションを取り、メールやSkype（国際電話ツール）にシフトして、よりコミュニケーションを深める。そして取引内容が具体的になった際に、現地に滞在する商社や海外の企業の日本支店のバイヤーと交渉をして、できるだけ中間マージンがない状態での取引をすると利益率も上がるだろう。

Q22　外食の店舗展開をする上で重要なことは何でしょう？

A　社員のモチベーションを維持するような経営だと思います。

外食の課題のひとつは、まず「人材」であると私は考えている。３Ｋと呼ばれる時代は過ぎたものの、圧倒的に人不足。アルバイトすら確保が大変なのが飲食業界の現状だ。そして、飲食店のスタッフは美容師と傾向がよく似ていると思う。優秀な人材ほど独立開業を考えるため、よけいに人の確保が難しい。では、優秀な人材の意欲や野心を尊重しながら、オーナー自身も儲かる方法はないだろうか。飲食店の経営者からのヒヤリングをもとに、手段を紹介する。

■オーナー制度で多店舗展開

店にいる優秀な店長に店を有償で譲渡して、フランチャイズ店のオーナーとして独立することを支援する方法は成功しやすそうだ。

まず、新しくスタッフが独立をするにあたって困るのが、お金。独立資金として８００～２

000万円がかかると仮定して、自己資金で賄えない分は融資を受けることになる。しかし、融資の場合、返済スケジュールなども視野に入れるため、経営のハードルが高くなる。これだと精神的に開業を断念してしまうケースが多々あるそうだ。そのため、支援制度として、オーナーは優秀な店長の独立を後押しするために開店資金として全額出資を行い、運営のために設立した子会社の社長を任せてしまう方法はどうか。1~3年後に経営が軌道に乗ってきた段階で子会社の株式を親会社が計算した金額で買い取り、晴れて独立をするという流れを創るのだ。株式評価額は、資本金と店で得られた利益の累計と合わせ、店の評価額は最初に親会社が投じた資金の未回収分相当とする。そうなると、店の設備投資も含めた空間を、原価そのもので買い取ることになるので、独立をする人にとってはこの上ないチャンスであるはずだ。

そもそも、雇われ店長とオーナーでは責任感、使命感の芽生え方やモチベーションには歴然と差が出てくるだろう。不動産でも「持ち家」と「借家」では、掃除の意気込みが異なるのと同じニュアンスだと思っている。こうすれば、人材を確保したまま多店舗の展開に協力してもらえるため、win-winな関係が築けるのではないか。

もしくは、委託で独立制度を支援する形も提案できるだろう。開業資金を全額出資して新オーナーに独立を促すところまでは一緒であるが、独立をしたオーナーからは毎月の売上金を本部に納めるような契約を交わす。店舗使用料という形で売上金の8～13％程度に加えて、食材費、水道光熱費などの経費を引いた残額を委託報酬として独立したオーナーにバックする方法。委託報酬から人件費を引いても、利益が出るような設定であれば、お互いの利益が一致している。

私の周りには、外食で成功している先輩方もいれば、苦戦している先輩方もいるので、成功事例だけを真似していくのが手っ取り早そうである。もし外食の店舗経営・企画について相談があれば、少しは私も知恵を貸すことができるかもしれない。

Q23　IoT農業とは何ですか？

A　インターネットの活用で効率的な農業を目指すことです。

農業は時間と場所に拘束される産業の代表格であったが、IoT（Internet of Things）の活用により明るい未来を照らし始めた。「IoT」とは、ITテクノロジーによって、あらゆる物がインターネットで繋がること。クラウドにデータが蓄積されるようなシステムを導入すれば、農業で必要な気温・湿度・気圧・CO_2濃度・日射量・液体温度などの環境データをPC上で確認できる。このようなICT（情報通信技術）など先端技術を活用して農業の効率化を図ることを「スマート農業」とも呼び、注目されている。農業の仕事をシステム化させて、作物の安定化を図ることは、農業の知識が不十分な人でも参入ができる環境作りに寄与する。

■「スマート農業」の代表例

例えばIT企業であるオプティムは、「スマート農業」を提唱し、農家と協力してシステム開発や改良を行っており、2014年には上場を果たした。「スマート農業アライアンス」と称して全国の300以上の生産者団体と提携する中で、スマートグラスを活用した事例がある。作業者が見ている画像を、家のパソコンで確認して第3者に教えることができるもの。これならば果樹園のハシゴに登るのが困難になった高齢者でも、若者に指示を出すことでノウハウを共有できる。他にもドローンを用いた枝豆の減農薬栽培では、大豆につく害虫ハスモンヨトウの被害を受けた畑の画像データをAIに学習させて、空撮写真から畑の中で害虫の被害を受けている場所を特定できるシステムを開発した。害虫のいるところだけにドローンで農薬散布すれば、農薬使用量を最小限に抑制できるメリットがある。動力噴霧器で農薬を散布した際の労働時間と比べると、30％程度の削減ができたという。

■続々とIoT技術が導入される

山陰新聞（2019年5月23日）によると、農業機械メーカーみのる産業㈱（岡山県・赤磐市）は2018年3月、地元農家5戸で約3億円をかけ徳島県石井町に実験用ハウスを設備。無人搬送ロボットなどを活用してミニトマトを月10t程度の収穫をしている。データを蓄積してAI（人工知能）で分析すれば、ハウスが最適な環境を自ら判断できるようになっているそうだ。同様に宮城県の㈱GRAのイチゴ栽培でも、IoTセンサーと制御システムを導入。温度管理、水やりなどの営農ノウハウを見える化して、ハウス内のデータ蓄積と営農現場の架け橋をつくった。2012年冬に「ミガキイチゴ」のブランドネームで1粒1000円の高級イチゴを首都圏で販売して、完売させている。他にも、日経MJ（2019年7月15日）によると異物検査機製造㈱のシステムスクエア（新潟県長岡市）は、AIを搭載する異物検査装置を開発した。魚の小骨の自動検出率を高めて、検査時間を従来の2割に縮めた。今後も、このようなIoT農業の発展で、生産者の労力が軽減される時代が全国各地に到来することを期待したい。

Q24　農福連携とはどんなものですか？

A　農業×福祉の力で事業を経営するアプローチです。

まず、一般社団法人の「れんこん」（福岡県・久留米市）を例に挙げる。一般社団法人れんこんの八木代表は、2010年久留米市宮の陣町で農地を借り、障がい者の就労機会の提供をするために就農した。当時を振り返り、八木さんは次のように語っている。「農業委員会に出向いて、福祉施設の特例として農業委員会経由で農地を借りられないか？　と何度申し入れても断られていたことが、ついこの間のよう」と農地法のルールが厳しかったことがわかる。

しかし、2018年2月28日、6次産業化総合化事業計画が承認されて農水省・厚労省が農福連携の推進を図ることを決定。ようやく借地権付き賃借として農業をスタートできたそうだ。現在、露地栽培農地（9000㎡）、ハウス栽培農地（1000㎡）に到達。自社農園で農薬・除草剤などを使用せず、たまねぎ・ゴマを栽培しており、6次産業化としては主原料に食品添加物などを一切使わない「たまねぎドレッシング」を2種類製造している。八木社長とは2018年の展示会で知り合ってから、福岡で何十回も面会している事業者の1人で、いつも素敵な笑顔に癒されている。

■特別支援学校の乾燥きのこで6次産業化

北海道愛別町の㈲協和農産の「発芽玄米もち」も、農福連携として私がサポートをした商品のひとつである。㈲協和農産は、「愛ふくふく」というブランドで自社の発芽玄米の甘みが活きた、添加物不使用のあんもちや切り餅などを加工する企業。講演会の際に中山英一社長と出会ったことで関係が始まった。2018年、旭川の「夢づくり・ものづくり支援事業助成金」という補助事業で、助成金50万円を獲得するために商品企画をした。資料作成を代行するにあたり、愛別町の「きのこの里」に相応しい地域性・社会性の双方

図2-6　㈳れんこんの八木代表理事

を捉えた商品をつくることに決めた。

まず、北海道美深高等養護学校あいべつ校の食品乾燥機で、授業の一環で乾燥野菜や乾燥きのこをつくって販売しているという事案に目をつけた。乾燥きのこはすべて愛別町産。きのこは、乾燥すると旨味が凝縮して、グルタミン酸が豊富なので出汁が出る。この乾燥きのこを練り込んだ餅であれば、間違いなく美味しいものができると想定して提案をした。助成金も無事に採択され、パッケージデザインなどを構成。約1年をかけて、塩・味噌の2種類の「発芽玄米もち」を完成。乾燥きのこは、椎茸、えのき、舞茸のうち2つをペアにして独自にブレンドしている。補助期間中は、味噌が固まらず何十回も試行錯誤を重ねたが、無事に納得できる商品が完成した。商品の販売を通じて、特別支援学校の生徒たちが社会で働くモチベーションとなれば何よりである。

図 2-7　㈲協和農産の「発芽玄米きのこもち」

第3章 伝える

本章では、主に発信について述べる。あなたの商品やブランドを世の中に伝える手段は、なにもすべてが広告とは限らない。SNSが普及した現代では、プロモーションの手段は多岐にわたっているからだ。個人レベルの発信だとしても、その集合体が社会に大きなインパクトを与えるニュースとなって、人々に届けることができる時代。ただ、伝える手段よりも、その手段を選んだ理由も大切である。手段が一緒でも、伝える側に知識がなければ、戦略がなければ、効果は半減してしまうからだ。

「誰に、何を、どのように伝えていくのか？」

この機会に、あなたのブランドやこだわりを正しく「伝える」ことから始めてみてはどうだろう。

「伝える」という仕事は、自ら発信する情報だけに限らない。受けとる相手が取得する情報が正しく理解されることも指す。例えば、ホームページ（以下、ＨＰ）。資金力のない創業期こそ、美しいＨＰの制作が最優先であると私はクライアントには提案をしている。理由はシンプルで、ＨＰは社員の代わりにあなたの会社を語る営業みたいなものだから。あなたが何かの業務を依頼しようと考えたとき、もしくは会社を調べるとき、まずインターネットで検索をするのではないだろうか？　その企業のＨＰを見て、イメージを膨らませて判断材料にする。つまり、短時間で情報取得をする手段は、現在はＨＰだ。では、その際にあなたのＨＰ上の文章フォントが大幅に崩れている、見づらい、更新されている形跡がない（過去の記事ばかりが掲載）とどうだろう？　新規のお客様は不安になる。「実際の商品も、管理が良くないのではないか？」と疑心暗鬼になり、信用を勝手に失ってしまう。このＨＰによる〝初対面〟の情報とは、あなたの名刺のような役割であるため、ＨＰを疎かにすると誤解を招いて、世界中からのビジネスチャンスを失うことにも繋がりかねない。

他にもＥＣサイト（商品の販売サイト）のショップ名は、格好をつけないことも大切だ。覚えやすく記憶に残ったものが、勝ち。思い出してもらえるものが、勝ちだからである。身近な例をあげると、私の知人の俳優はプロフィールに「特技 ウクレレ」と書いている。しかし、その人がウクレレを弾いている姿を、家族含めて誰一人として見たことはないそうだ。つまり当本人は、プロデューサーやキャスティングの担当者の目に留まることを優先し、何かしらの仕事に繋がる可能性を信じて「特技 ウクレレ」と公開している。実際にウクレレの仕事がきたら、そこで練習すればよいという発想である。ＥＣサイトも同様である。インターネット検索で上位にあがるキャッチコピー、コンセプト、ＥＣサイト名などを考えるＳＥＯ（Search

Engine Optimization の略で、検索エンジン最適化を意味する）対策など、情報を伝えるために工夫と戦略が欲しい。ちなみに、大企業のサントリーのコピーは「水と生きる」である。このような覚えやすいキャッチコピーは、忘れないし、覚えやすく、社会性があって素敵である。

一方で、こちらから積極的に想いを伝えるためには、どんなことが必要だろう。レシピ動画メディアの中で、国内フォロワー数№1を誇る（2019年7月時点）「DELISH KITCHEN」は、「誰でもおいしく簡単につくれるレシピ」をコンセプトに動画を制作しており、料理初心者の方でもつくれるように材料や調理工程を工夫している。企業タイアップの動画を拝見した際は、冒頭の完成料理の写真カットでシズル感（美味しそうな雰囲気など表情がある写真）を出すことや、実際に自宅でも真似できるような身近な食材を使う工夫が随所に見られた。

このように何かを発信する前の企画段階では、戦略が必要である。時と場合によっては商品の情報よりも、消費者が利用する際の感情表現や心理を優先するべきかもしれない。インスタグラムが流行っているからといって、インスタグラムにただ写真を載せても効果が薄い。そんな経緯があって、発信をする上で考えるべき事柄について、事例を交えて解説させていただいたので、少しでも参考になればと思う。

Q25　動画によるPRが主流になると聞きました。なぜでしょうか？

A　安価に動画を撮影して、発信する環境が整ってきたからです。

現代では動画の制作と公開手段は大きく変容を遂げており、手軽に挑戦できる時代になった。調査会社 GEM Partners ㈱によると、２０１８年の動画配信サービスの国内市場規模は前年比19・5％増の２２１１億円（日経ＭＪ２０１９年7月31日付）。動画閲覧がこれほどまでに広まっている背景は、モバイル通信によるインターネット接続環境の向上、スマートフォンやタブレット端末の普及などがあり、５Ｇ導入が始まればさらに動画マーケットは加速するだろう。動画は、ソーシャルメディアとの親和性も高いため、拡散されて先に話題となって動画の視聴回数が上がることも多い。ニュースで騒がれる〝迷惑動画〟は、インスタグラムの「ストーリー」という〝1日で消去される動画〟にアップして、それが誤って拡散した結果、炎上をしているケースが多い。デジタルネイティブの世代では、動画視聴は、もはや日常生活で洗顔と同じくらい習慣化されていることが窺える。

食品・小売業界でも動画の活用は積極化している。伊藤忠食品㈱は、料理動画アプリ「DELISH KITCHEN」を運営する㈱エブリー（東京・港）と２０１９年７月に資本業務提携をした。約25億円を出資し、スーパーでの売り場でレシピ動画を配信することで、販売支援を強化する狙いがある。

■動画の公開場所のポイント

動画は「YouTube」「Vimeo」などの既存の動画サービスに公開した方が多くの視聴者を獲得しやすいだろう。加えて、動画ファイルは重いので、自社のｗｅｂサイトに埋め込んでしまうと負荷がかかる。そこで、外部サイト

■動画配信チャネルの利用率

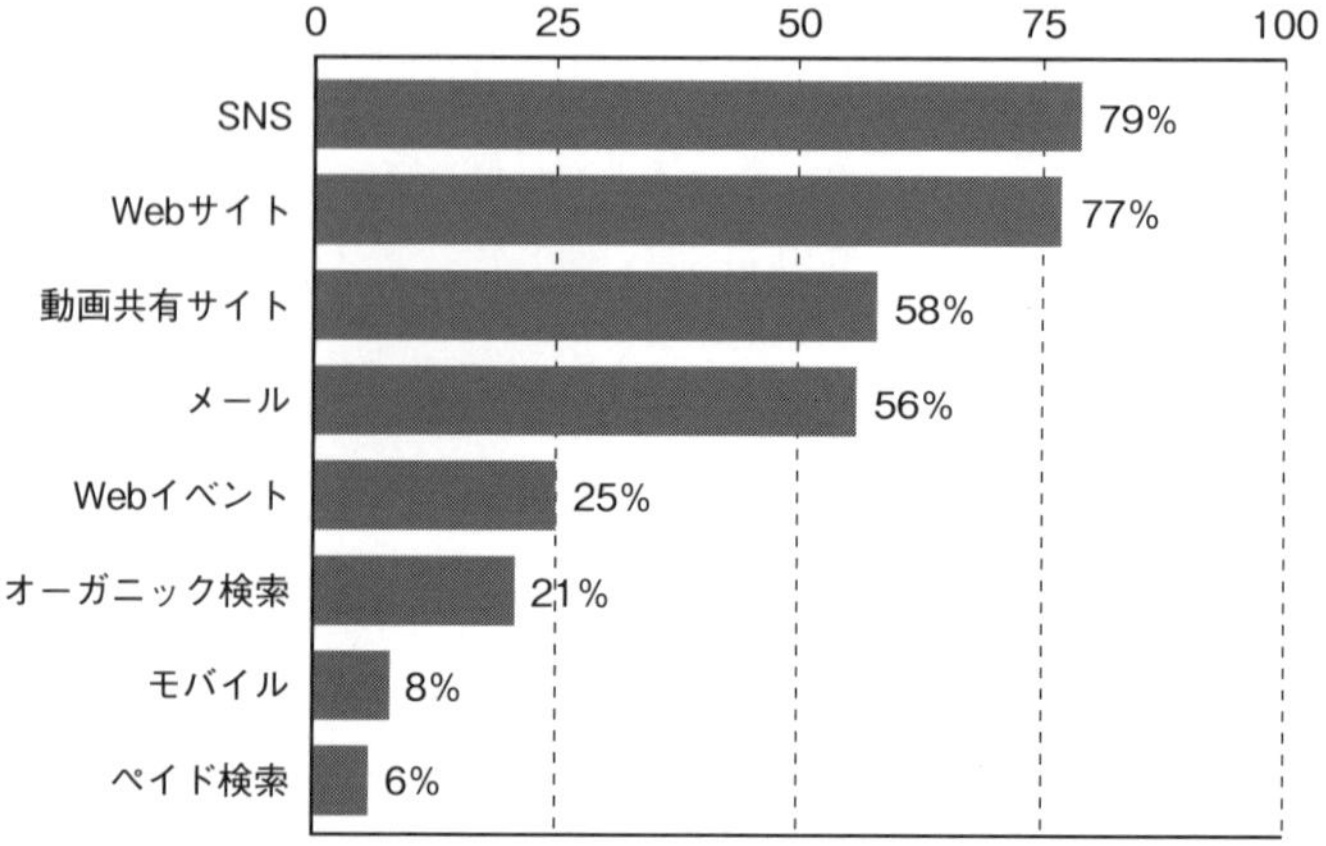

出典：https://book.mynavi.jp/wdonline/detail_summary/id=64405
（今や、動画共有サイトよりも、SNSを通して動画を見る人が多くなっている）

図3-1　動画配信チャネルの利用率

に飛ばした方がメモリーエコであり、一石二鳥だ。

まずYouTubeだが、総務省の「平成23年版　情報通信白書」によると、2011（平成23）年の利用者数は、国内で2900万人に上る母体数が魅力だ。また「チャンネル」というMyページを作成できて制作した動画を一覧表示ができるので見やすい。チャンネルに登録したユーザーには、新しい動画を公開されたときに自動的に更新情報が通知される仕組みがあるので製作者は案内も楽だろう。「YouTube」では、動画制作をサポートする編集機能や音楽なども用意されているので、動画編集の初心者にも扱いやすいだろう。一方で「Vine」は6秒の動画、「instagramビデオ」は60秒の動画を投稿できるサービスだ。時間が短い分、アイデアと構成力が勝負となる。プロモーションに利用する企業も多い。

動画は、「ブランドのイメージ訴求」「代表者インタビューを紹介」「職場の雰囲気のシェア」など、多目的な活用ができる。動画の提供形態も多岐にわたっているので、中小企業でも今後は動画プロモーションが増加することは間違いないだろう。

Q26 ラップ（Rap）が企業や自治体から注目されている理由は？

A 「圧倒的な分かりやすさ」と「制作費の安さ」などが理由です。

今、ラップ（Rap）が熱い。背景はやはり、日常生活において動画の視聴時間が増えている点が大きいだろう。大手広告代理店やクリエーターは、デジタル世代向けに短めのCM動画やPV制作をする傾向が強くなってきた。その中でも、動画とセットされる曲として注目されているのがラップミュージックだ。

「ファンタ」「ケンタッキー」「東京サマーランド」など、有名な大手企業もCMにラップを起用した。最近で印象的な例は、CMソング「爽健美茶のうた」にラップが加わったもの。アーティストのchelmico氏が制作した「爽健美茶のラップ」は2019年デジタルシングル第一弾として2月22日より発売もされた。他にも、レッドブルのテレビCMの「レッドブル翼をさずける ナポレオン編」では、ナポレオンの生涯をラップにのせてアニメーションで表現していて、ついつい最後まで聞いてしまう内容だった。

■企業がラップ×動画を採用する理由は？

ラップがこれだけ流行している背景を弊社では、以下のように考察した。

１　インパクトが大きく、世界共通語で発信できる

まず、音楽（エンターテイメント）に共通して言えることは、非常に分かりやすく人の心に響くことだ。音楽、ダンスは言語が分からなくても直観で魅力が十分に伝わる。特にラップは、企業の伝えたい想いを短い言葉とリズムで表現できるので、耳に残りやすい特徴があるため有利である。詳しい説明は誘導先のホームページなどで語ればよいため、音楽や動画を話題にさせて、検索を誘導するには最適なエンターテイメントだ。

２　新しいコミュニケーションがラップである

２０１５年よりテレビ朝日で毎週水曜（1時26分〜1時56分火曜深夜）に放映されているヒップホップのマイクバトル番組「フリースタイルダンジョン」の影響も大きいだろう。各大学でもフリースタイルラップのサークルができるなど、若い世代のトレンドである。以前、あるテレビ番組では、東京・高田馬場駅で見知らぬ若者たちが夜な夜なサークルを囲みフリースタイルセッションをしている光景を見た。どうやらラップを通じて自分の取り巻く環境について語っているようだ。いじめ、苦悩、家庭のトラブル、恋愛などをセッションしながら、〝語

る〟わけだ。

この傾向は、「コミュニケーションツールのシフト」が背景にあると私は思う。生まれたときから携帯がスマートフォンである（スマホネイティブ世代）若者たちは、電話や面会でのコミュニケーションを不得意としているそうだ。実際に「退職代行サービス」など、今から10年前には考えられなかった。退職することを会社に伝えるのが億劫なので、企業に代行してもらうサービスで、主に20代に大きな需要がある。これは、LINEやメッセンジャーなどのショートメッセージでやりとりをする世代の典型的なコミュニケーションの課題が浮き彫りになった形であり、口に出して自分の想いや意見を表現する機会が減少したことが背景にあると思う。だからこそ、ラップで韻を踏んで言葉を紡ぐことで、自分の気持ちも吐き出しやすいのではないだろうか。いずれにせよ、間違いなく若者にとってラップはコミュニケーションのひとつになっている。また、他の番組では、サラリーマンたちが会社帰りに、東京・新橋のＳＬ広場で、ラップにのせて、上司のグチや住宅ローン、小遣いの低さなどの不満をぶつけ合う光景を見た。もうラップは〝市民権〟を得ていると感じた。

3　低コスト&動画との親和性が高い

本来、曲をつくる場合はメロディーラインという演奏ベースが必要だ。しかし、ラップミュージックにはリズム（ビート）とコード進行さえあれば完成する。つまり、一般的な楽曲よりも制作期間が短く済み、コストも安いため、依頼する側としても嬉しいわけだ。また、ラップは短編動画向きである。動画コンテンツはユーザーが飽きたらＮＧであり、途中で離脱しないまま、最後まで試聴されることが重要だ。その点で、ラップソングは短く編曲しやすいため、短編動画と相性がよい。

■自治体ラップへのチャレンジ

２０１９年7月、弊社も北海道愛別町の特産品である野菜「ビーツ」のラップミュージック「Sweet Beets Box」の制作とプロモーション動画の脚本&プロデュースを手掛けた。

愛別町は「きのこの里」として、きのこ栽培で有名な町であるが、特産品（６次産業）の開発に課題があり、ビーツ栽培に力を入れて、加工品開発に取り組み、地域活性をするプロジェクトが遂行している。そこで、産業振興のサポートをしている弊社は、ビーツという野菜についてラップで販売促進やＰＲに活用することを提案した。弊社と提携するアーティストのDJ-Dates（デーツ）氏がビーツのラップを担当。１番はビーツ、２番は愛別町について説明するような歌詞を書き起こした。先に歌詞をつくり、大学生の頃に習っていたヒップホップダンスの師匠にコンポーザー（編曲者）を紹介いただき、チームを組んだ。動画の脚本は初挑戦だった。私の中で「地域の住民が主人公」という明確なコンセプトがあったため、愛別町を舞台としたかったし、キャストを町民と決めていた。

　そんな時、愛別町でダンスを定期的に習っている「K'ick"xx」というチームの存在を知り、キッズダンサーたちをダンスバトルさせる脚本構成を思いついた。令和の愛別町で特産品を巡って、きのこ派vsビーツ派の2つの勢力が抗争しているというストーリー展開。2つ目の動画では、有志の町民に参加していただき、ラップを口ずさんだり、曲に合わせてポージングするようなPV風動

図3-2　町民を主人公にしたPV動画を撮影

画に仕立てた。隠れた観光スポットや名所、自然などをバックに、町民にスポットライトが当たるような構成にしており、地元のテレビ局からも取材を受けた。

今後も弊社では、ラップミュージックや動画コンテンツを通じて、企業や自治体のＰＲをしていこうと考えている。エンターテイメント×６次産業の融合で、低予算でもブランドやサービスの拡散ができることを証明していきたい。

図 3-3　キャストや撮影チームと記念撮影

Q27 どんなプロモーション動画が求められていますか？

A 冒頭や最後で続きを見たくなる×エモーショナルな動画です。

最後まで動画を見ない割合を「離脱率」と呼び、離脱率は動画の評価を下げる指標のひとつになっている。つまり、動画制作の時点で、最後まで視聴をしてもらうためには工夫が必要だ。

■インパクトを最初に！

私はPR動画は、プレゼンや就職活動のエントリーシート（以下、ESと称す）と似ていると考える。なぜなら、結論を最初に伝えることが大切であるからだ。私の就職活動の例を挙げて説明したい。私は2010年のリーマンショックの年が就職活動で、百年に一度の就職氷河期と呼ばれた時代。自分に自信がなかった私は、ライバルに負けない工夫が必要だと痛感していた。そこで、私のESはキャッチーなフレーズを冒頭に置き、自分の強みや経験を後から説明するようにした。「採用に忙しい人事部は、1日に大量なESを読む必要があるため、1〜

3行目くらいを読んで次のステップに進む人を判別する」と聞いたことがあったからだ。結果、その作戦は非常に功を奏して、私の1次書類の通過確率は約9割だった。この戦略は、動画でも同じように生かせる。特に最初の15秒で視聴者の気持ちを掴むことが重要だからである。もちろん、この戦略は動画の種類や目的によっても異なるが、〝導入〟を魅力的にするために頭をひねるとよい。また、最後に他の動画の案内をすることも効果がある。ドラマや映画の番宣動画を想像してもらうとわかりやすいだろう。

■退屈しないメイキング動画の魔法

感情移入ができる動画のひとつが、「メイキング動画」。例えば、印象に残ったものが全日本空輸株式会社（ANA）の〝機内安全ビデオ〟だ。シートベルトの着用方法や災害時のマスクの着用方法など、説明が必須である離陸前の動画は、出張が多い人にとってみれば、もはや見飽きているので、スルー。しかし、説明をする演者が歌舞伎役者になっていれば話は別だ。ユニークなこの動画はまずアイキャッチに成功している。そして、降機時には制作の裏側がわかるような〝メイキング映像〟が流れる点が実に素晴らしいと思った。あの映像で、離陸後に降機する際の退屈な行列の待機時間も緩和される。お客様の心理を見事に捉えた動画デザインだと感心した。

■〝エモーションに訴える動画〟で、再生回数が激増！

ユニリーバ（英）の動画「Dove Real Beauty Sketches」も、素敵な動画の一例だ。内容は、本人の顔を見ずに説明だけを頼りにＦＢＩの似顔絵アーティストが女性の顔を描いていくもの。１枚は本人が説明してスケッチし、もう１枚は他人が説明してスケッチしていく。２枚のスケッチが完成して比較すると…最後に「あなたは自分が考えるよりもずっと美しい」というコピーが表示される。この動画の再生回数は、５５００万回を超えて話題になった。このように、動画コンテンツの制作のポイントとは〝人の心を徹底して考える〟点であると感じる。

Q28　プレスリリースの発信とは何ですか？

A　マスコミ関係者に〝手紙を贈ること〟です。

皆さんはプレスリリースを出す目的と価値について、どこまで考えているだろうか？　あなたが新商品を出したとき、「取材をして下さい！」と出したプレスリリースに報道する価値がなければ、取材には一切来てくれない。なぜなら、個人的な利益のためにマスコミ記者が動くことはないからだ。プレスリリースとは「売り込みチラシ」ではなく、「手紙」を贈る作法である。記者と信頼関係を築ければ、１通のリリースで数百万円の広告効果が見込めるのも事実である。ここでは、プレスリリースの作り方とコツを伝授する。

■懸賞ハガキから学んだ攻略法

私は大学時代のある体験から、プレスリリースの極意を学んだ。それが「懸賞ハガキ」だ。私の学生時代の懸賞ハガキによるプレゼント応募が当選する確率は約84％。映画の試写会、本、ワインなど、ありとあらゆるものに当選した。当選する理由の仮説が、確証に変わった出来事は、大学2年生のとき。ある出版社の雑誌に掲載されたレストランのコース料理引換券に応募をした。自分自身、母親、叔母の名前を使用して、メアドやプレゼントの配送先の住所を変えて応募した際に、見事にすべて当選したのだ。編み出した法則とは〝手紙〟のように応募ハガキを書くことだった。つまり編集者が、「どうせ渡すなら、この読者にプレゼントを贈呈しようか」と思ってもらえるかどうかが重要であると私は考えたのだ。プレスリリースも同様であり、まずは、記者の気持ちを理解しなければいけない。記者の方々に、個人的な利益を伝えるリリースは無意味である。なぜなら、「あなたの活動、サービス、商品がど

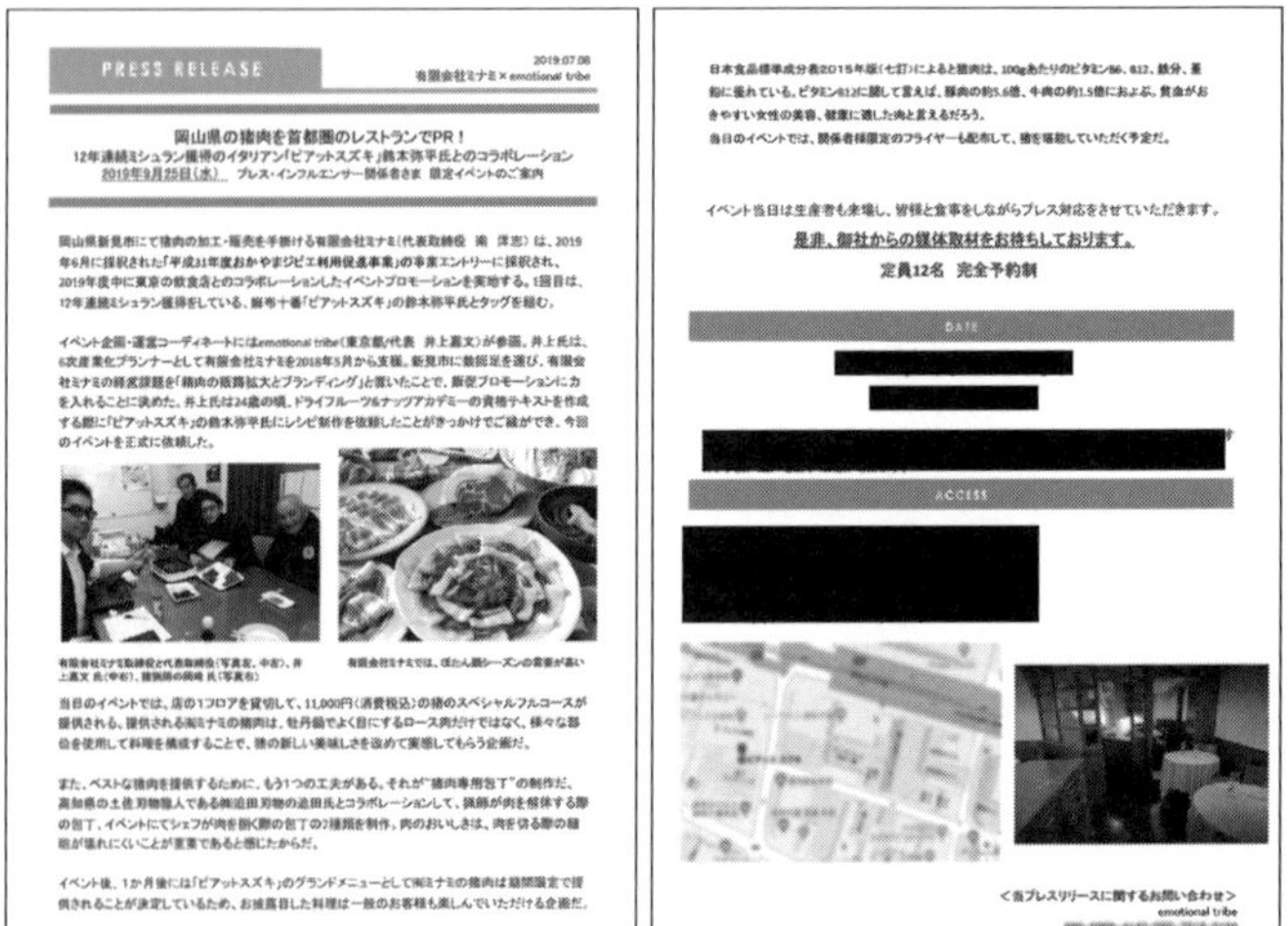
PRESS RELEASE

2019.07.08
有限会社ミナミ×emotional tribe

岡山県の猪肉を首都圏のレストランでPR！
12年連続ミシュラン獲得のイタリアン「ピアットスズキ」鈴木弥平氏とのコラボレーション
2019年9月25日（水） プレス・インフルエンサー関係者さま 限定イベントのご案内

岡山県新見市にて猪肉の加工・販売を手掛ける有限会社ミナミ（代表取締役 [illegible]）は、2019年6月に採択された「平成31年度おかやまジビエ利用促進事業」の事業エントリーに採択され、2019年度中に東京の飲食店とのコラボレーションしたイベントプロモーションを実施する。1回目は、12年連続ミシュラン獲得をしている、麻布十番「ピアットスズキ」の鈴木弥平氏とタッグを組む。

イベント企画・運営コーディネートにはemotional tribe（東京都/代表 井上嘉文）が参画。井上氏は、6次産業化プランナーとして有限会社ミナミを2018年5月から支援。新見市に数回足を運び、有限会社ミナミの経営課題を「精肉の販路拡大とブランディング」と聞いたことで、販促プロモーションに力を入れることに決めた。井上氏は24歳の頃、ドライフルーツ&ナッツアカデミーの資格テキストを作成する際に「ピアットスズキ」の鈴木弥平氏にレシピ制作を依頼したことがきっかけでご縁ができ、今回のイベントを正式に依頼した。

有限会社ミナミ取締役と代表取締役（写真左、中左）、井上嘉文 氏（中右）、猟師の岡崎 氏（写真右）

有限会社ミナミでは、ぼたん鍋シーズンの需要が高い

当日のイベントでは、店の1フロアを貸切して、11,000円（消費税込）の猪のスペシャルフルコースが提供される。提供される㈲ミナミの猪肉は、牡丹鍋でよく目にするロース肉だけではなく、様々な部位を使用して料理を構成することで、猪の新しい美味しさを改めて実感してもらう企画だ。

また、ベストな猪肉を提供するために、もう1つの工夫がある。それが"猪肉専用包丁"の制作だ。高知県の土佐刃物職人である㈱迫田刃物の迫田氏とコラボレーションして、猟師が肉を解体する際の包丁、イベントにてシェフが肉を捌く際の包丁の2種類を制作。肉のおいしさは、肉を切る際の細胞が壊れにくいことが重要であると感じたからだ。

イベント後、1か月後には「ピアットスズキ」のグランドメニューとして㈲ミナミの猪肉は期間限定で提供されることが決定しているため、お披露目した料理は一般のお客様も楽しんでいただける企画だ。

日本食品標準成分表2015年版（七訂）によると猪肉は、100gあたりのビタミンB6、B12、鉄分、亜鉛に優れている。ビタミンB12に関して言えば、豚肉の約5.6倍、牛肉の約1.5倍におよぶ。貧血がおきやすい女性の美容、健康に適した肉と言えるだろう。
当日のイベントでは、関係者様限定のフライヤーも配布して、猪を堪能していただく予定だ。

イベント当日は生産者も来場し、皆様と食事をしながらプレス対応をさせていただきます。
是非、御社からの媒体取材をお待ちしております。
定員12名 完全予約制

DATE
[redacted]

ACCESS
[redacted]

<当プレスリリースに関するお問い合わせ>
emotional tribe

図 3-4 プレスリリースのサンプル事例（井上作成）

のように世の中に役立つのか？」に記者は関心があるからだ。

■そのニュースは、社会にどんなインパクトがあるのか？

では、実際にはプレスリリースをどのように書いていけばよいだろうか？　具体的には、作文や作曲と一緒である。起承転結を考えて1～2枚にまとめることが望ましい。具体的には、下記のような3つの流れである。

1、社会背景と課題

2、ストーリー（あなた自身）

3、行動・ビジョン

書き方のポイントは、「オリジナリティー×社会背景」である。例えば、2019年での社会情勢を考えると、増税対策、人手不足、AI活用、女性キャリア&社会進出、働き方改革（副業）、時短、エシカルフードなどさまざまなキーワードがあった。その世の中の流れに対して、自分たちの提供する価値が、どのようにリンクするかを提唱してみよう。そして、あなたの活動や商品、サービスが、時代に必要であることを提示し、あなた自身のバックグラウンドや活動に至るまでの経緯を具体的に説明するとよいだろう。記者に想いを共感してもらい、社会に影響を与えられるニュースであると判断してもらえば、取材をしてくれる可能性はある。

Q29 インスタグラムによるマーケティングが流行している理由は何ですか？

A 「ネットとリアルの融合」が手軽に体感できるアプリだからだと思います。

■そもそもインスタグラムって、何？

インスタグラム（以下、「インスタ」と称す）は２０１０年10月にサービスを開始したスマートフォン向けの写真ＳＮＳアプリだ。２０１２年４月にはFacebook社に10億ドルで買収され、２０１５年９月には４億ＭＡＵ（月間アクティブユーザー）を達成。国内ではユーザー数８１０万人で、１日あたりの写真投稿数は８、０００万枚にのぼるといわれている（いずれも２０１６年１月時点で発表）。また、インスタはＳＮＳであると同時に、注目される広告媒体でもある。

■インスタを使う年齢層・男女比率

２０１５年12月に開催された「アドテック東京２０１５」でFacebook社が発表したデータによると、国内のインスタユーザーの男女比は女性65％、男性35％、年齢は18～24歳がユーザー全体の33％、25～34歳が38％となっている。ファッションやトレンドへの感度が高い女性が、インスタのヘビーユーザーだ。

■非言語で、わかりやすい

インスタの人気が出た理由は、「写真と動画が主の非言語メディア」という点にあるだろう。まず、発信者の立場で言うと、投稿が〝楽〟にできる。ブログのような文章は、書き方の違いで異なる解釈をされ、炎上してしまうことがあるため非常に気を遣う。しかし、インスタは写真を撮影して、短いコメントだけつければ、投稿できる利便性がある。他のメディアと比べて圧倒的な速さで更新できる。一方、読み手も写真のほうが、脳で処理する時間が文字情報よりも速い。目にした瞬間に世界観を理解できる「分かりやすさ」は魅力である。また非言語メディアの特徴は、言葉の壁を簡単に越えられることだ。インスタの場

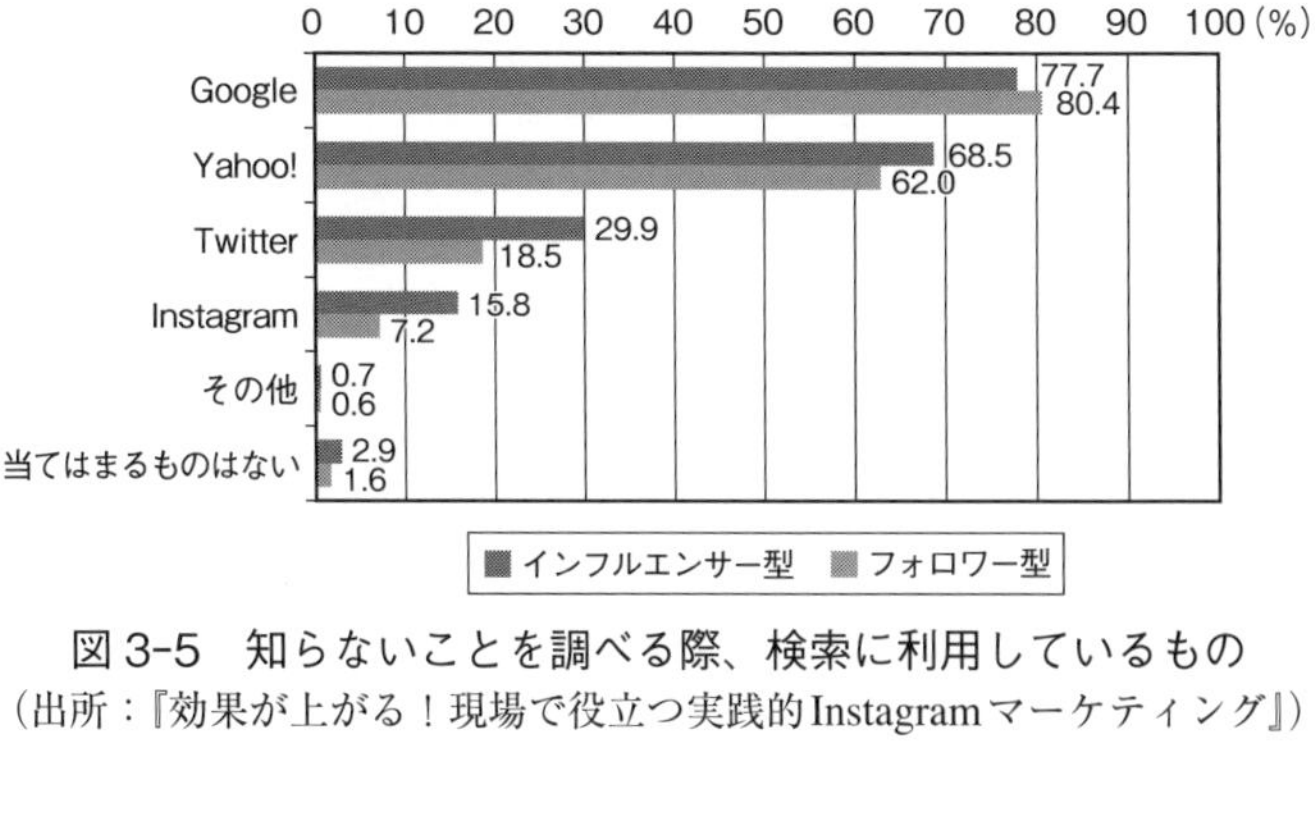

図3-5　知らないことを調べる際、検索に利用しているもの
（出所：『効果が上がる！現場で役立つ実践的Instagramマーケティング』）

合は、グローバル企業もアカウントはひとつに設定されている傾向が強く、世界中のユーザーが1つのアカウントをフォローする。写真ならば翻訳がいらないので、文字情報がメインのFacebookやTwitterよりも有利であるだろう。

■"個別化"を求める時代にフィット

インスタでは、統合的なコマース（ユニファイドコマースとも言う）を実現するにあたって、最適なアプリだろう。リアルタイムに顧客を理解して、各個人に価値ある購入体験を提供することが、現代では求められているからだ。

さて、生産者を支援する中でよくある質問が、「SNSマーケティングは何からやればいいですか?」である。本来ならば、SNSは時間があるなら、すべてやるのがベストである。なぜならば、SNSを使用するユーザー層がそれぞれ異なるためである。まず複数のプラットフォームの

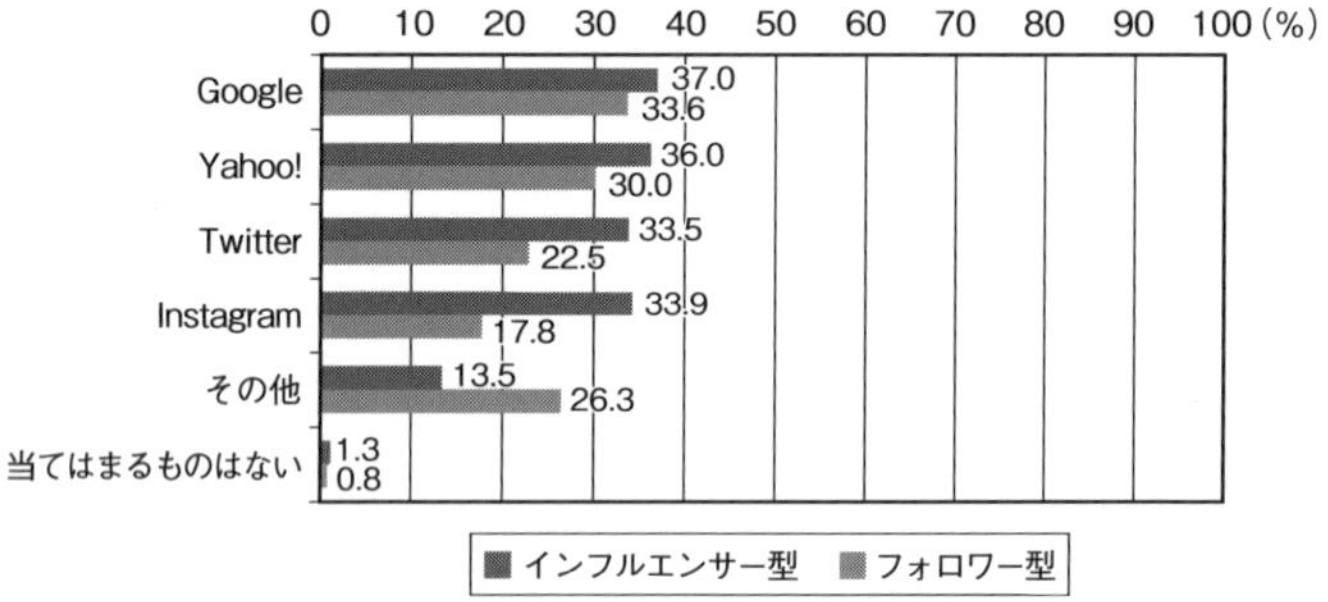

図3-6　トレンドを知りたい際に検索に利用しているもの
（出所：『効果が上がる！現場で役立つ実践的Instagramマーケティング』）

中から、自分のブランドを訴求する目的、顧客の特性に従って、最適な手段を選択しよう。すべて始めるのは難しいのであれば、まずは気軽なインスタから始めてみてはどうだろうか。

Q30 なぜ、インスタグラムは女性向けの商品発信に有効なのでしょうか？

A 「トレンドサーチの新しい役割」＋「かゆいところに手が届く」などの理由です。

■インスタは、検索エンジン代わり

あなたは何かを調べるとき、何を使うだろう？ google や Yahoo! などのインターネット検索エンジンを開き、キーワードを入れて該当する情報を探しているかもしれない。現在、若い女子たちの間ではその機能の一部をインスタグラムが担っている。実際に数字を出してみると、インスタグラムに週に数回投稿している女性のうち、33・9％は検索ツールとしてもインスタグラムを利用している。つまり、トレンドの検索ツールとして google や Yahoo! と横並びの状況である。

インスタグラムでの検索は主に「ハッシュタグ検索」をするが、このハッシュタグ検索をした結果を参考にした商品やサービスの購入も増えており、特に女性はその傾向が強いようだ。次のグラフは、インスタグラムの女性ユーザーにおける、ハッシュタグ検索からの購買経験を表したものだ。20代で60・5％と最も高く、30代で53・8％、10代で45・9％と、年代を問わず、非常に高い割合で購入されている。

■女性に嬉しいユーザー体験がある

さて、女性の最大の興味のひとつであるファッションにおいて、ECサイトで購入するときのネックとなるのがサイズ感や色味だ。デジタル上では自分にフィットするか不透明で、抵抗がある人も多いだろう。

しかし、インスタグラムはライブ動画配信機能があるため、店舗スタッフが試着をして視聴しているユーザーの質問にもリアルタイムで答えることができる。「もう少し、背中側から襟の形状を見たいです」などのコメントを入れれば、スタッフは質問

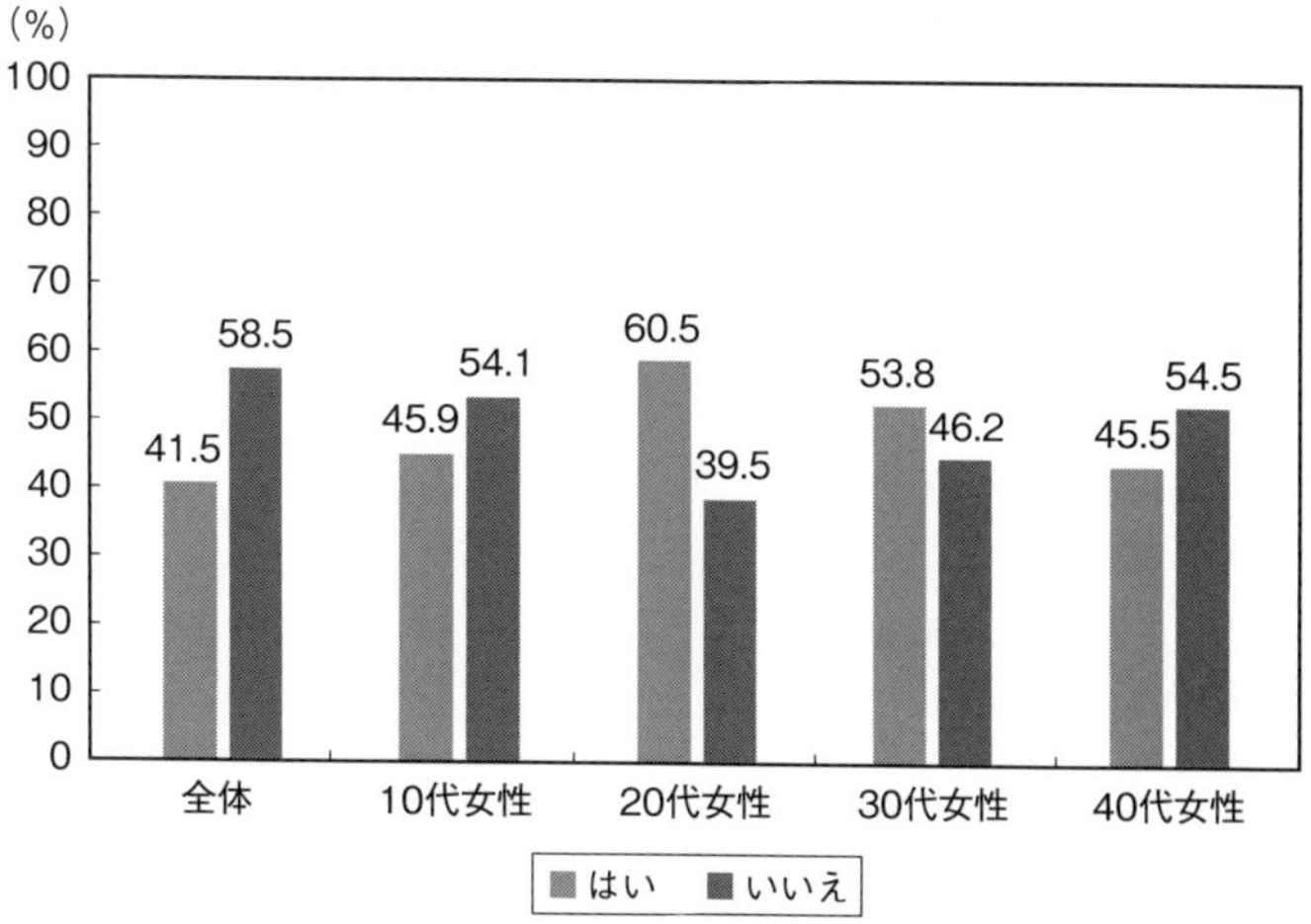

図3-7　インスタグラムのハッシュタグ検索からの購読経験（女性）
（出所：『効果が上がる！現場で役立つ実践的Instagramマーケティング』）

に答えるように動画の中で立ち回ってくれることで、解決する。ユーザーは自分が欲しい情報を入手して、「思っていたのと違った」を購入前に軽減することができるのだ。

また最近は「Shop Now」の機能で、商品画像から直接ECサイトに飛ぶことができる。商品を知り、すぐに購入ができるだけでなく、写真右下のしおりマークから保存して、他のアイテムと比較してから購入を検討することもできる。今回はファッションを例にとったが、女性にとって「かゆいところに手が届く」点が魅力であると考えられる。

■リアルタイムな効果分析

投稿やキャンペーンに対しての効果分析が可能である点もインスタグラムの特徴だ。インス

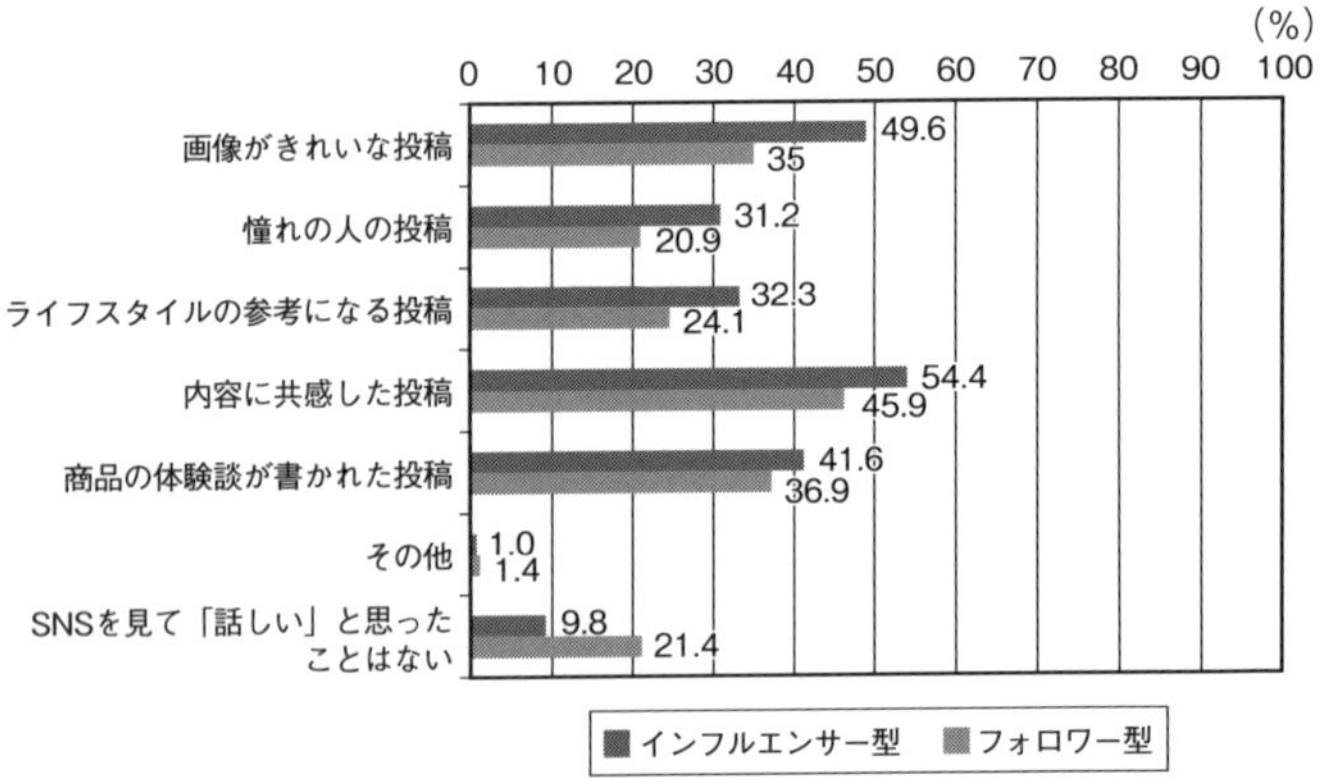

図3-8　SNSでどのような投稿を見たときにその商品を「欲しい」と思うか
（出所：『効果が上がる！現場で役立つ実践的Instagramマーケティング』）

タグラムのハッシュタグの分析をすることで、男女別、国別などの、自分のアカウントのフォロワー属性も分析することが可能だ。人気の高い投稿を分析して、共通項がないか推測してみることで、フォロワーの興味・関心の理解につながれば、商品企画や販売チャネル、広告の選定に寄与するため、Ｏ２Ｏ（Online to Offline）サービスが打ちやすい。こうした魅力の数々から、インスタグラム熱はまだまだ冷めやらないだろう。

Q31　初心者でもトライできるインスタグラムの攻略はありますか？

A　慣れてくるまで、〝7色の攻略法〟だけでも守りましょう。

1　ユーザーネームで伝え方を工夫！

まず、アカウントを作成するとき、「覚えやすい文字列にする」ことが大切だ。ユーザーネームはあなたのＩＤのようなものだ。英数字とアンダーバーで文字列を作る。これがアカウントとして認知される。そのため、覚えやすく、入力しやすいものがベターだ。ちなみに、ユーザーネームはアカウント作成後に変更することも可能だが、他のユーザーと重複ができないため、早い者勝ちとなる。

2　紹介文（Profile）を工夫！

インスタグラムのフォロワーを獲得するには紹介文（Profile）の書き方が重要だ。求められることは、「簡潔さの意識」。現代人は忙しく、紹介文をじっくり読まない。そのため、「このインスタグラムのアカウントの趣旨は？」「どんな写真が掲載されているか？」の答えが、最初の一言で表現されていれば親切である。

また、紹介文は公式感をアピールしてみよう。英数字とアンダーバーしか使えないユーザーネームとは違い、日本語も使えるのが紹介文。そのため、覚えて欲しい正式名称、氏名や企業名、ブランド名を設定することが多い。企業のアカウントは自己紹介に「公式」であることを明記してユーザーから企業の公式アカウントだと明瞭にしていることも多い。キャンペーン用ならば「○○キャンペーン事務局」のように目的がわかる名前にすると親切である。

いずれも150文字の制限があるので、「弊社のアカウントの強みといえば？」と想起し、キーワードを考えてみよう。個人事業主などは、自己紹介として「写真を通してどんな期待に応えられるか？」を書いている場合も多い。例えば、「海がきれいな石垣島の風景を撮影しています！」と記載した場合、ユーザーはどのような写真がアップされていくかが明確なので、フォローをするかどうかの判断基準がつけやすい。

3　プロフィール写真で工夫！

投稿の左上に常時表示される画像が、プロフィール写真だ。投稿された写真の撮影者として認識され、企業の場合は、アイコンロゴの場合もある。クラブチームや農業団体などは、メンバーの集合写真などが投稿される。オリジナルマスコットがいる自治体などは、そのマスコットキャラクターの画像が貼られている場合もある。写真選びは自由であるが、〝人間味〟を感じられるようなプロフィール写真にすると、ユーザーがコメントするハードルが下がるとも言われている。親しみを感じてもらえる写真がベターだと考える。

4　誘導したい先のURLを工夫！

インスタで唯一の外部サイトへのリンクを貼れる場所が、プロフィールである。つまり、ユーザーを誘導したいウェブサイトのURLを1つ設定ができるわけだ。そのため、ブランドの公式サイト、通信販売サイトなど、ビジネスの最終成果（コンバージョン：CV）につながるURLをここに設置しよう。

5　コメントのコントロール！

写真を投稿していくと、コメント欄に、明らかに投稿内容に関係のない詐欺グループがアカウント運営する投資系ユーザーや、営業目的の機械的なコメントを見かけるようになるだろう。これは、〝スパムコメント〟と言われている。そのようなコメントをするアカウントは容赦なくブロックすればよい。そのようなフォロワーは、あなたの本当のファンではないので切ってしまって構わないからだ。

6　ハッシュタグで工夫！

インスタグラムでは、長すぎる説明文は嫌われる傾向があることは先ほど述べた。「広告」的なインフォマーシャルな投稿もフォローを外される原因になる。そこで、ハッシュタグをつける欄にあるキャプション部分で写真の内容を上手に説明していこう。ユーザーは、キーワードやハッシュタグ（#○○）で検索して、他の投稿状況を確認する。つまり、写真に関連するキーワードを、ハッシュタグで必ず追加しておけば、関係人口に見てもらえる確率が上がる。

例えば、あなたが豆腐屋なら、#麻婆豆腐、#tofu、#沖縄、#ハルユタカ、#soymilkなど世界の豆腐好きが好きなキーワードを考えて挿入してみよう。

キーワードを使った〝同志〟を見つけると、「好きなものが同じ」人を発見できて嬉しくなるのが人間の心理。ファンをつくるきっかけにもなるので、積極的にSNSを介し

図3-9　ハッシュタグの工夫

て繋がっていくとよい。

7　投稿時間で工夫！

投稿のタイミングは一般に「曜日×時間帯」で考えよう。一般にSNSの利用が盛んになるピークタイムを狙ってみるとよい。そこで、「いいね！」のつき方やフォローの増減を比較しよう。具体的には、平日の朝8時前後と夕方18～19時前後の通勤時、12時のお昼休み、夜の21～24時ごろまでの就寝前の時間が有効と言われている。「どのタイミングであれば多くの人がスマートフォンに触れているのか？」を考えて、投稿をしよう。また、海外の人に訴求するならば、時差を忘れず確認しておこう。

図 3-10　インスタグラム配信に有効な時間帯

Q32　トリプルメディアとは何ですか？

A　企業がメディア戦略を考えるときに活用する3つのマーケティングチャネルです。

トリプルメディアとは、企業がメディア戦略を考えるときに利用する3つのマーケティングチャネルのことだ。顧客との接点を基準に分類しているので説明していく。

■Owned Media（オウンドメディア）

代表例は、自社のwebサイト。または企業のコミュニティ、メールマガジンのように自社が直接所有しているメディアだ。〝所有している〟ので、〝owned となる。他にも商品パッケージ、のれん、店舗も該当する。企業が自由に利用すること、変更できる権利があるものを指す。

■Paid Media（ペイドメディア）

代表例は、テレビや新聞の広告欄。媒体費を払って広告枠を購入してプロモーションに利用する外部メディアを指す。〝買う（購入する）〟ので、Paid である。他にもネット業界では、バナー広告、リスティング広告、アフェリエイト広告などはこれに該当する。

■Earned Media（アーンドメディア）

代表例は、ＳＮＳだ。

ユーザの意見や口コミ等を通じて、企業が信用や評判を得るメディア。世間からの評判・信頼を獲得するので、Earnedとなる。いわゆる〝クチコミ〟だ。ＳＮＳは諸刃の剣で、追い風が吹けば自社商品・サービス等の信頼・評判獲得に役立つが、敵にまわせば脅威にもなる。そのため、コントロールが難しいメディアで

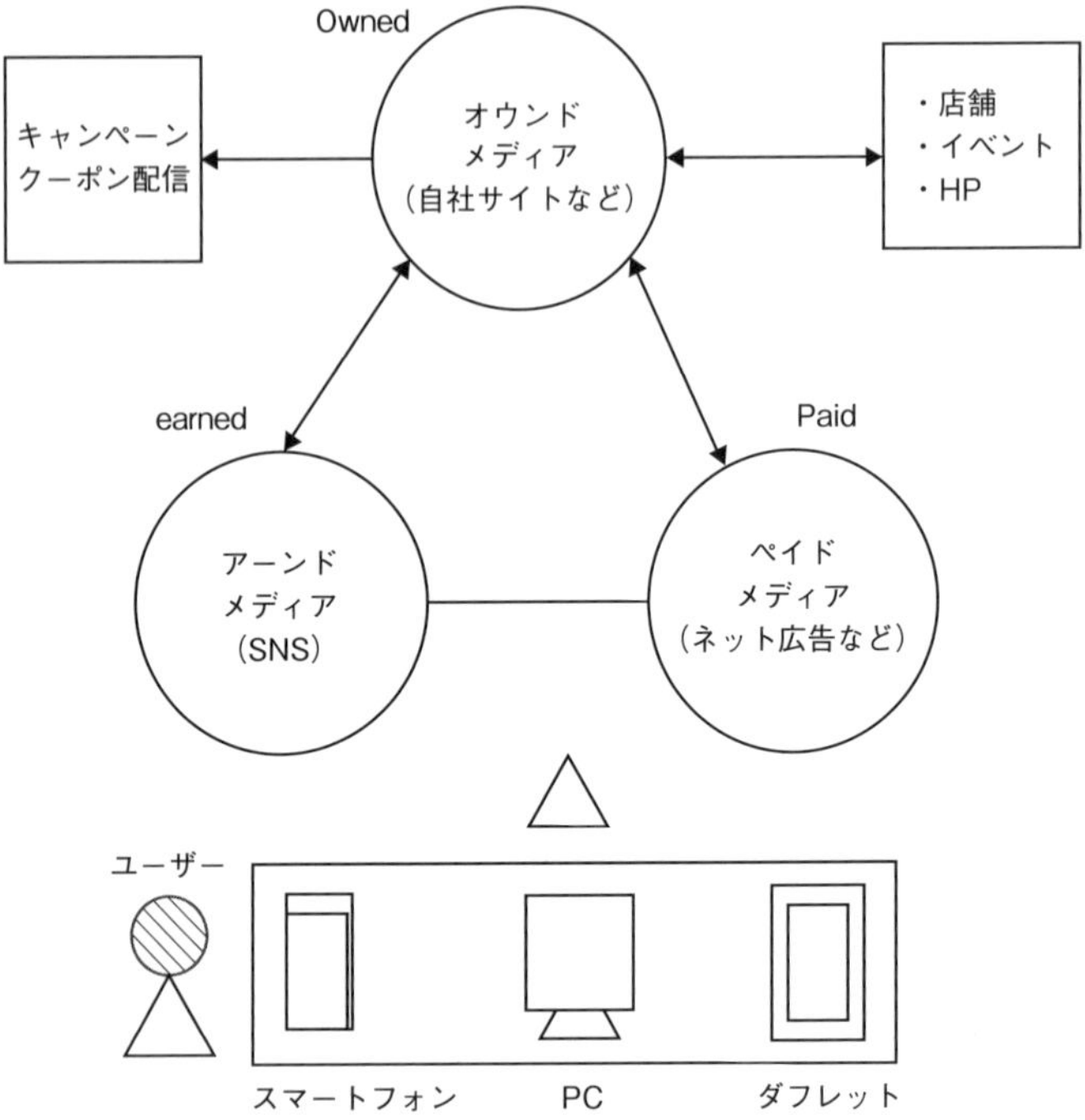

図3-11

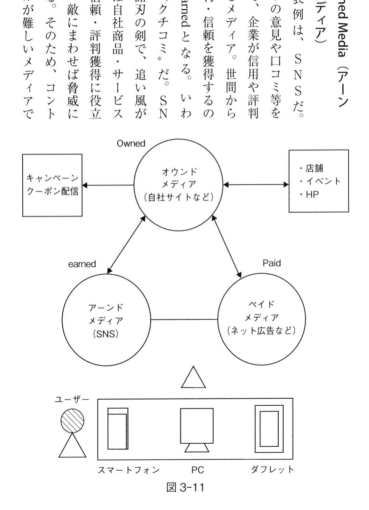

ある。別名「CGM」(Consumer Generated Media：消費者生成メディア)とも呼び、ブログ、口コミサイト、動画投稿サイト、価格比較サイトなどもこれにあたる。自社のSNS自体はオウンドメディアであるが、〝第3者により拡散された情報〟をアーンドメディアと考えれば区別しやすい。

■優先順位は?

さて、デジタルマーケティングによって重視されているのはどのメディアだろうか? 結論を述べると、オウンドメディアに予算を充当する企業が多い。なぜならば、近年では共創マーケティングが主流(つまり、企業、商品、ブランドと消費者とコミュニケーションをする時代)であり、いかに自社の顧客をサポートしていくかが大事であるからだ。従来は、企業が消費者に伝えたいことを伝えていた。しかし今は、一方的な姿勢から〝双方向〟が求められている。

フェイクニュース(虚偽の事実)がニュースのネタになる現代

メディア	優先順位	コスト
オウンドメディア	高	中
▽	↕	
アーンドメディア		低
▽		
ペイドメディア	低	高

図3-12　トリプルメディア運用の順番とコスト

の世の中では、インターネットは正確な情報も、不正確な情報も等しく流通してしまう。そのため、広告の内容や表現に対してネガティブな印象（人種差別、ジェンダー、地域差別など）を与えて、炎上してしまうこともあるので、注意を払って上手にメディアを使いこなしてほしい。

Q33　ソーシャルメディアには、すべて同じ投稿をしてもよいですか？

A　それぞれのソーシャルメディアの特性を意識して発信しましょう。

インスタグラム、Facebook、Twitterの3つをマーケティングに利用している企業は多い。御社は、これらすべてに対して同じ投稿をしていないだろうか？　実は、SNSごとでシェアされやすい投稿が異なる。ここでは、拡散されやすい記事づくりの基本的なポイントを伝えようと思う。

■インスタグラムは「感度の高い良質な写真」と「世界観（演出）」を重視

インスタグラムのユーザーの多くは、女性。この点から、フォトジェニックな（映《ば》える）写真を多く投稿することで、ユーザーの関心を得ることができる。つまり、写真の出来（クオリティー）が重要なポイント。例えば、芸能人の写真投稿であれば、どのような写真でも圧倒的な量のファンがフォローと「いいね！」をしてくれる。それは、早い話が芸能人だからである。知名度があり、外見のルックスが可愛いｏｒイケメンであることがすでに価値であり、見ていて美しい。そのため賞賛を得やすいのは自然な話である。

一方で、一般ユーザーは写真で努力をするしかない。たとえ感慨深い文章を作ったところで、写真がすべて。まずは、写真で共感や関心を得ることを最優先に意識しよう。インスタグラムは外部サイトに自由に誘導ができないため、宣伝や販促に強いメディアとは言い切れない。どちらかというとフォロワーとの関係構築を時間をかけてしていくような、自社ブランドへのエンゲージメント（共感や信頼感）を高めるツールとして適しているだろう。

■Facebookは、「公式感のある投稿」を重視

Facebookでは、公式感のある投稿が望ましいだろう。なぜなら、Facebookは実名で投稿されるのが特徴であり、利用者の年齢層が比較的高いからだ。フォー

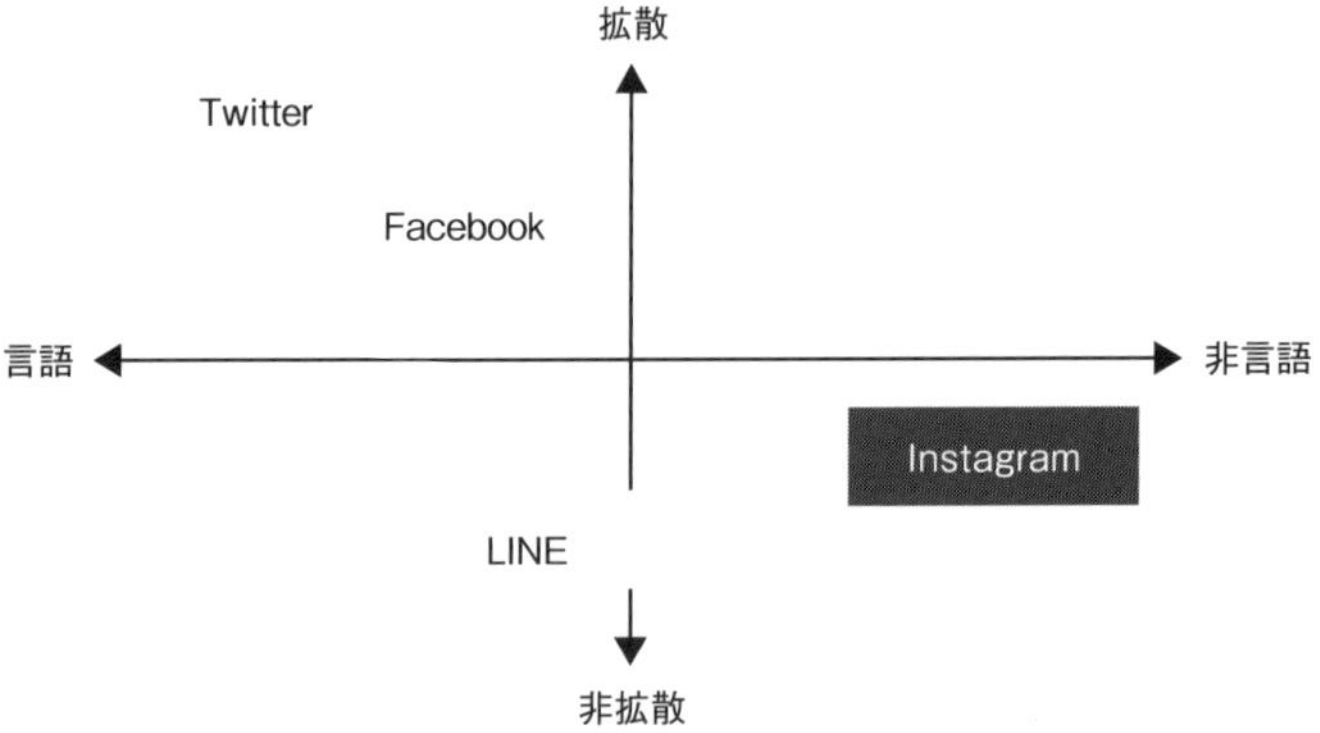

図3-13　主要なSNSの機能的特徴の分布

マルなSNSという位置づけなのである。言い換えれば、ビジネスユーザーが多いSNS。シェアしても恥ずかしくないような、真面目な情報や動画が拡散されやすい特徴にある。そのため、信頼や安心感を獲得できるような投稿を心がけよう。具体的には、新商品リリース情報や、CSRのような、実際にプレスリリースなどでも配信する広報である。

■時事ネタと絡めてみよう！

皆さんは、「令和」になった瞬間のSNSの活気ぶりが記憶に新しいのではないか？　元号変更の日、「令和」に関する写真や動画の投稿は、飛躍的に増えた。このような祝日や公式行事と絡めたコンテンツはシェアがされやすい。シェアされた側にも共有認識があるため、拡散されやすいので、トライしてみよう。

Q34 広告は、大多数に影響のあるマスメディアが最も有効ですか？

A そもそも「マス」という言葉に対して疑問をもったほうがよいです。

マスメディアとは、いったい何だろう。「mass」という大多数を意味する英単語はあっても、世の中のマスはどこにいるのか不明である。なぜならば、これだけメディアが溢れ、人の行動パターンが自由になった現代で〝大多数〟という大きな枠で情報をリーチすることが難しくなったからだ。つまりマスは、雲を掴むような実態がよく分からない言葉と化している。

例えば、GRP（Gross Rating Point）というテレビCMの効果を評価する指標がある。放送によって見込める視聴数の見積りや、視聴数を放送後に評価するときに利用する。ただ、この指標では「どれだけ多くの人に情報が届くか？」が重要であり、視聴者の興味までは分析ができない。つまり、いわゆるマスメディアを使った広告は、発信力はあるものの、ターゲットを絞り込めないと同時に、広告接触後の行動について追跡調査がしづらいことに弱点があった。

一方で、私たちのようなチームが手掛けるデジタルプロモーションは、仮説を立ててターゲットをいったん絞り、訴求して、反応を検証するサイクルで実行していく。例えば、デジタルの基本のウェブサイトのアクセス解析を行い、効果を定量的に検証する。ウェブサイトの訪問者の属性、どんなキーワードでたどり着いたか、サイト内ではどのページが訪れる回数が多いか、メールマガジンの効果などを分析するわけである。このような分析が、次回のプロモーションで活きてくるからだ。

さて、ターゲットを絞ったマーケティングには、思わぬメリットもある。それが、「理念を共感できる人が自然と集まる」という点だ。例えば、『ドライフルーツ&ナッツマイスター検定』の制作を例に出そう。これは、弊社が発行しているドライフルーツ&ナッツ専門の検定資格である。私は20代前半、会社勤めをしながら酵素栄養学、ローフードの勉強をしており、ナッツとドライフルーツが今よりも流行する兆しを感じた。そのため、証券会社を退職してドライフルーツ&ナッツの専門商社に転職して、ドライフルーツとナッツの資格検定をゼロから作ることにした。当時は、〝野菜ソムリエ〟という検定資格が大流行していた時代で、勝算があると考えた。最初は「誰がそんな資格とるの?」「市場規模がミクロすぎ」といろんな人たちに大企業の退職を含めて猛反対をされていた。しかし、仮でつくったホームページを公開してから、半年くらいが経ち、数十名からの検定申し込みの問い合わせが来ていた。受講者の多くは、「ドライフルーツ　資格」や「ナッツ　検定」といったキーワード検索をして、問い合わせをしてくれていたことが後のヒヤリングで分かった。イニシアティブをとることの優位性を再認識できた。

2014年頃からテキスト作成に着手し、ドライフルーツ・ナッツ専門のマニアックな資格検定を提供し続けていたことで、該当キーワードで検索がされやすくなり、弊社のサイトが今だに上位に出てくるという構造原理になった。実際、私は「マツコの知らない世界」（TBSテレビ）の「ナッツの世界」の収録候補者として担当ディレクターから取材を受けた経験があるが、その際も担当ディレクターはHP上のワード検索でナッツの専門家を調べて、私に行きついたと話していた（2時間の取材を受けたが、私は残念ながらコンペで負けてしまい、出演者は別のアーティストだった）。

時を戻そう。さて、こうして自力による検索でたどり着いた人たちには、共通点があった。それは、私がつくった検定を受ける理由として、ドライフルーツやナッツが大好きであるか、現在の仕事でナッツやドライフルーツに関連性があるか、美（健康）意識が高いか、のどれかに全員があてはまることだった。すると、その受講者たちは検定を取得した後、私が手掛ける無添加食品プロデュースや、地方創生プロデュースなどの別の仕事にも興味を抱く人が多かった。そこで、数名はまた別の仕事で連携をするようになって、気の合うビジネスパートナーのリクルートも同時にすることができたのだ。このように、ターゲットを絞ったプロモーションをして、顧客の反応に対して漏さずに対応すると、思わぬ副産物があるのでオススメしたい。

Q35　ＳＮＳ運用を任せる人員がいません。何か方法はないですか？

A　他者の時間を買うか、自分で時間を創るか、のどちらかです。

生産者の支援をしていて痛感することは、デジタル領域を担当する人材不足の課題だ。かつて私は、「効果があるのかもしれないけど、農作業が忙しくて、私たちにはインスタグラムやホームページを運用している時間がないのですよ！あなたのような仕事の人に分かりますか？」と辛辣な意見を頂戴した経験がある。

しかし、あなたの１日は皆と平等の24時間しかないわけで、選択肢はシンプルに２つである。お金で他者の時間を買うか、自分で時間を創るかのどちらかである。そこで、できるだけ最小限のコストで、ＳＮＳを運用する方法や人材不足の解消ができるヒントをお伝えしようと思う。

■無償アプリの予約機能で時間の有効化

まず、自分の限られた時間を有効に活用して、SNSを発信する方法としては、インスタグラムのアプリを利用することだ。指定の時間で投稿をするためにリマインドしてくれるアプリもある。いわゆる、「予約投稿」に近い機能だ。

例えば、アプリの「Later」は、投稿したい写真やキャプション、日時などの情報を事前に登録しておくと、予約した日時になったらスマホに通知が来て投稿を促してくれる。このようなアプリを利用すれば、投稿作業の大部分を事前に終わらせておくことができるので、農作業で忙しい生産者にとっても余剰時間を活用しやすいのではないか。

表3-1　SNSマーケティングに必要な作業時間の目安（参考）

SNSマーケティングに必要な作業	所要時間
■インスタグラマーへのDM制作（インフルエンサー）	約50分
■インフルエンサーへのリクルート活動 1名あたり6分だとして10名実行	約60分
■インフルエンサーへのDM発信＆返信	約30分
■いいねバック、コメント、フォローに対するフィードバック	約30分
■写真の加工、投稿、コメント、＃の追加	約15分

（リクルート人数×2～3％＝アクションに対して返してくれる人と推定）

■キャスティングサービスの利用

では、割り切って人の時間を買う場合、どのような手段があるか。それには、「インフルエンサーマーケティング代行サービス」を利用すると大幅な時間短縮を図ることができるだろう。キャスティングサービスの仕事内容とは、有料でマイクロインフルエンサーを紹介してくれるサービスのこと。マイクロインフルエンサーとは、フォロワーが1万人以下のインスタグラムのユーザーを指すことが多い。自社で、このマイクロインフルエンサーを検索して、仕事を依頼するには、膨大な手間と人件費がかかることは間違いない（図参照）。

例えばマイクロインフルエンサーに対して、無償でＰＲの仕事を依頼するために約１００人にリクルート活動（仕事を依頼するためのＤＭ送信などの活動）をした場合、内容にもよるが、その中から1~3名くらいが受諾してくれる。そこから商品サンプルの発送をするための住所などの個人情報をヒヤリングする。この一連のやりとりの時間と労力を日常業務の中で確保できるかどうかを判断してみればよい。emotional tribe は、生産者は生産や加工に専念すべきだと考えているので、パートナー企業やインフルエンサーを抱えるエージェンシーの紹介窓口としても機能している。

■栽培方法の工夫でパート雇用を増やせる？

現在日本では、農業の担い手の高齢化などの問題を抱えながらも、２０１４年以降の49歳以下の新規雇用就農者数は増加傾向にある。ロボット・ＡＩ・ＩＴなどの先進技術を活用した農業のスマート化〝スマートアグリ〟が農業では欠かせなくなってきている。その中で、比較的挑戦しやすいものは栽培方法の工夫だ。例えば過去に支援をした福井県、福岡県のトマト農家は、生産効率を高めるために水耕栽培をしていた。肥料を均一化させやすく、ハウス内のプランターの向きや高さを工夫した「密植型栽培」では従来の土耕栽培を行った場合より収穫量は数十倍以上の差がつくそうだ。水耕栽培は、管理が非常に楽である。気温調整などにかかるエネルギーコストを格段に下げられ、何よりも自分の時間が空くようになる。時間を指定して、パートさんを継続的に雇用することも可能なので、家事や子育てが忙しい主婦なども、働きやすい環境を整えられるかもしれない。

■マッチングサービスの利用

また先日、こんなサービスを読んで、素晴らしいと感じた。人材サービス大手のパーソルホールディングスはランサーズと合併会社を設立し、仕事マッチングプラットフォーム「シェアフル」を開始した。

週35時間未満の就労者のうち、追加就労希望は187万人と言われているが、シェアフルは、ユーザーが専用アプリから自分の隙間時間を登録すれば、その日の仕事が紹介されるというものだった。実に画期的である。もともと〝隙間時間〟のマッチングは、「タイミー」や「ジョブクイッカー」などの先行サービスが存在している。そこで、シェアフルは勤怠管理や給与計算などの労務アウトソーシングサービスの提供や、AIによるシフト調整の効率化、パーソルグループの膨大な求職者・取引企業データベースを活用し、差別化する方針でいるそうだ。

弊社が受託するインスタグラムの運用も、実際に操作をしているのは、隙間時間を有効に活用してアルバイトをしたい大学生インターンや、県外の主婦である。インスタグラムは、ハッシュタグとコメントについては戦略を立てて、指示を明確にすれば、比較的誰でも運用をすることができる。皆さんも、全国各地にいる隙間時間を活用したい人を仲間に入れて、シャアリングエコノミーの概念をもつと、お互いにWIN‐WINにもなれるだろう。

総務省は「テレワーク・デイズ」への参加を呼び掛けている。2021年に開催予定をしている東京五輪・パラリンピックに向けて「時間にとらわれない働き方」を推進するメッセージを発信している。この傾向は、たとえ五輪・パラリンピックが終了しても、途絶えることはないだろう。この動きが習慣化した場合は、朝の通勤ラッシュの解消などを理由に各企業は継続を図り、人手不足の解消をしながら、社員が快適に仕事ができる環境を整えていくことが想定される。人材確保だけに視点を当てず、人のもつ「時間」という財産に対して、どのようにアプローチするかを考える時代だと思う。

第4章　考える

本章では、今まで私が行ってきた支援で対峙した課題や、よくある質問に対して答える。6次産業化や農林漁業には、さまざまなカタチがある。外食店舗で自社の生産物を売ることも6次産業化であるし、農業×テクノロジーの共鳴で新時代に挑戦する企業もいる。IT、SNSが普及して、もはや1×2×3＝6次産業化という言葉は、さらに発展を遂げていくだろう。

「では、そんな時代だからこそ、今後どんな経営をしていくか？」

この機会に、あなたが成し遂げていきたいことを「考える」ことから始めてみてはどうだろう。

私よりもだいぶ年配のプランナーの人たちは、よく生産者に対して「商品の強み、強みをもっと出してください！」とか「商品をもっと差別化させないと！」と偉そうに指示しているようである。確かにこれは、マーケティング用語でUSP（Unique Selling Proposition）というものであり、商品のウリ（強み）となるものを徹底的につくる作業である。かつては「差別化戦略」とも言われていた。しかし、「差別化戦略」は、モノ（商品）に付随する強みだけでは足りない。

なぜなら、そのモノ自体を真似された場合、試合終了だからである。極端な話、資金力のある大手企業が、ボリュームディスカウントのメリットを存分に受けて、原材料の原価を最大限まで下げた状態で、あなたのレシピをそっくりそのまま真似したとする。パッケージも工夫して、ブランド名もお洒落で、商品を流通に乗せたとしたら…価格勝負で、勝ち目がないのだ。

では、それをも防ぐにはどうすればよいのだろうか？大切なことは、２つある。

「世界観」と「ファン」の創造だ。

まず、他社にレシピを真似されたとしても、他社には真似できないのが「世界観」である。ブランドは、作り手に人が介在する以上、ブランドが出来上がるまでのストーリーまでは真似ができない。言い方を変えれば、作り手、作る場所が異なるわけなので、他社はあなたの世界観まではコピーできない。そして、「あなたの世界観が好きだから、買いたい」という現象を創ることに成功すれば、顧客（ファン）がついてきてくれるだろう。

ブランドにはこの〝ファンづくり〟が欠かせない。ただの消費者ではなくて、ファンである。このファンがブランドや御社についていれば、安心して新商品や新サービスをリリースしていくことができる。簡単な例をあげると、旬な俳優、アーティスト、アイドルを思い出してほしい。横浜流星さん、RADWIMPS、SCANDALなど…（旬なアーティストはあくまで例であり、自由にあてはめてください）。彼ら、彼女らのファンは、サイン会、ライブ、試写会などに出向き、実際にコミュニケーションをして、また彼ら、彼女を好きになる。ちょっぴりドジなところとか、人間臭い部分も許してしまって、丸ごと好きになる。ずっとファンでいた憧れの的が結婚などするものならば、〝本当は死ぬほど好きだからチョット辛くて寂しい〟のだけれど、その人への想いは愛に昇華しているから、「おめでとう」とコメントを送れる。それが、真のファンというものであろう。

そして、そのファンはあなたの世界観や理念に共感することで生まれる。だから、必死で考える必要がある。

何で、あなたのファンになるのだろうか？

何で、数ある商品の中で、あなたの商品を買う必要があるのだろうか？

何で、あなたから買う必要があるのだろうか？

「自社の世界観を創り、伝えて、ファンと歩んでいく」という仕事は、早い者勝ちである。そして、世界観づくりの戦略は商品に対してだけでなく、会社全体で考えることが近道である。社会に商品やブランドを通じて「どのようなメッセージを与えていきたいのか？」を視野に入れると実現に近づくだろう。モノづくりも、営業する行為も楽しいのかもしれないが、売れる戦略を「考える」時間は、私にとっては一番楽しい。

そんな経緯があって、今後のビジネスを進める上で、世界観やファンをつくる上でのヒントとなるような事例や質問をまとめたので、少しでも参考になればと思う。

Q36 商品数を増やすべきか、減らすべきか悩んでいます…。

A シンプルさ（＝意思決定の早さ）を重視してSKUを考えましょう。

ＳＫＵとは、「Stock Keeping Unit（ストック・キーピング・ユニット）」の略で、在庫管理を行うときの最小の単位を指す。例えばある企業が砂糖不使用でドライフルーツと米粉を使ったエナジーバーを製造したとする。そのエナジーバーは1デザインで、カラーがパープル、オレンジ、チョコレートの3色、サイズが80ｇ・100ｇ・250ｇの3種類がある場合は、このエナジーバーのＳＫＵは「9」と数える（3×3）。大手企業で種類が煩雑になると、ＳＫＵごとに在庫管理が行われるようになる。補充、発注もＳＫＵごとに行われることで、売れ筋や在庫を把握するには便利であるからだ。

さて、過去に購買行動においてこんな実験があった。研究者のマーク・レッパー（Mark Lepper）とシーナ・アイエンガー（Sheena Iyengar）は、グルメ志向の食品店に特設コーナーを設置し、珍しいフレーバーを含む高級ジャムを陳列した。通り掛かった顧客は、試食をすると、1ドル分の割引クーポンがもらえる。ある日の実験では、試食用のジャムが6種類。別の日は、24種類だった。試食用のジャムを多く並べたほうが、試食テーブルで足を止める客は増えたが、個々の客が試食するジャム数は、平均するとほぼ同じであった。

おもしろい結果は、購入する段階に表れた。

6種類のジャムしか試食できなかったグループは、そのうち30％が実際にジャムを購入した。しかし、24種類のジャムを試食したグループは、3％しか購入しなかった。つまり、選択肢が多過ぎると、ユーザーは意志決定にストレスを感じてしまうことが分かったのだ。

図4-1　SKUはあれば、あるほど良いというわけではない（ジャムの例）

現代の例でいうと、携帯電話の操作方法や月額料金プランだろう。格安スマホが出始めの頃、料金プランは誰もが数分で理解できるような単純なものだった。しかし、新しい機種や方針が変わるたびに、新しい機能が追加されていき、料金プランも複雑になった。そうした困惑は、購買行動を逆に制限しているようにも思える。

■「選択と集中」スタイルで期間限定商品を増やす

まず迷ったとき、私が勧めるのは、「シンプルisベスト」である。顧客のために何らかの意思決定を行い、選択肢の数を減らし、分かりやすいＳＫＵをつくるとよいだろう。つまり、最初は種類を増やしすぎず、ブランディングを優先する。そして、テストマーケティングとして「期間限定」で新しい種類を販売してみて、お客さんの反応を見てみよう。もし売れ行きが芳しくなかったら、作るのを止めて修正すればよい。「数量限定」や「期間限定」のメリットは、お客様にストレスのない自然な形で製造中止にできることである。

Q37　商品企画をする上で必要な意識は？

A　「販売エリアの決定」「オリジナリティーを創ること」だと思います。

■地産外商を視野に企画する

例えば、6次産業化の大事なポイントのひとつが「どこで売るか?」である。少し前のマーケティング4Pでいうところの「Place」であり、販売場所（販売先）によって戦略は大きく変わってくるだろう。たまに行政関係者が6次化産業化を始めるとき、「地元の道の駅や農産物直売所で売っていきましょう」とゴール設定されているのを耳にするが、なかなかハードルが高い。なぜならば、地域内需要が縮小していく中で販売していくには売上規模に限界があるからだ。生産者の利益を考えた場合、人口の多いところにぶつけた方が早い。「来ないと買えない」商品をつくるのは素敵だが、失敗すると「来ない限り買ってもらえない」商品をつくることになり、月間売上は小さくなってしまう。そのため、商品企画をするなら、全国・海外への販売を視野に入れておくべきだと考える。

■特徴が出てこない…なら今から創ればよい

私の支援の中で、すこぶる多い生産者の課題が、「自分自身で商品や地域の魅力を語れないこと」である。生産者に、「自分のブランド・商品・地域の魅力を3つ、端的にプレゼンして下さい」と聞くと、「3つなんて出てこないですね～」と首を傾けてしまう。でもそれは、魅力に気がついていないだけか、真剣に考えて引き出す努力が足りないかである。

例えば、もし今後の人生に関わるようなキャリアチェンジ（転職・起業）をするとしたら、死ぬ気で自分の魅力を高めるためのファクター（要素）を毎日探そうとするはずだ。自社の大切なブランドをお客様に届けるには、同じくらい真剣に向き合う必要がある。前者の魅力に気がついていない場合は、一度、観光者目線で自社のリソースを見てみるのも手だ。日常にありふれた田舎の景色は都会の人間にとってみれば新鮮な情景だ。東京では流れていない澄んだ伏流水、豊かな土壌などは、財産だけれど、当たり前に感じているのかもしれない。そのため、たまには県外の人間から意見をもらうことも大切だろう。では、もし強みが見つけられない場合、どうするか？

答えは簡単で、今から創ればよい。それが強みかどうかは、市場と消費者が判断するからだ。1972年頃、SFアニメ「科学忍者隊ガッチャマン」の主題歌で、「ガッチャマンの歌」

（歌：子門真人、コロムビアゆりかご会（原盤権：日本コロムビア））というものがあった。この替え歌として、「地球はひとつ 創ればふたつ」という表現が当時流行していたことをタレントがテレビ番組で明かしており、中3の頃から、今でも私の大好きなフレーズになっている。

強みなんて、なければ新しく創ればよいのだ。

Q38 デザインの重要性がよく理解できないですが、大切ですか？

A はい。人も商品も見た目が9割、らしいです。

美人とイケメンは得だ。「美人とイケメンは、生涯において異性に食事を奢られる額が違う」という話は有名である。このような非情な社会現象や外見のステレオタイプは、今に始まったことではない。しかし、デジタルネイティブ世代では、「ビジュアル（＝外観、ルックス）」の価値を昔よりもさらに感じていることだろう。「美」が経済活動に直結しているからだ。例えば、YouTubeでは、メイクによって劇的に顔が美しくなるbefore / afterの動画が視聴回数を稼ぐ。TikTokに出てきて拡散される動画は、美人だらけだ。*SHOWROOMで稼ぐライバーもルックスの美しさでファンが〝投げ銭〟（応援資金の提供）をすることは否めない。最近ではテレビで美容整形をカミングアウトするようなアイドルやタレントも増えた。昔は隠す人が多かった。自分の弱い部分をさらけ出す行為でも、「美しくなる努力」は他者からの共感を得られやすくなった。つまり、美は正義であり、皆が求めていて、肯定的なもの。そして経済活動に有利なものだと社会全体が公認し始めたのだと考える。モノにも「美しさ」は求められる。それがデザインである。

■ビジュアルマーケティングの力

地方の商品デザインでよくある例が、〝地域性を丸出し〟にしたもの。もちろん地域性は、商品の強みとなりうるし、「特産感」「素朴さ」の特徴を創れる。都市生活者の私たちにとっては、それが新鮮で魅力に感じるため、購入の動機づけとなるかもしれない。しかし、その商品を〝単発のお土産〟とせず、定期的に首都圏の人たちに購入してもらうにはハードルが高い可能性もある。なぜなら、その商品は都市生活者のライフスタイルに合致していないことがあるからだ。首都圏の生活に自然と溶け込むためにはプレミアム感、高級感、インテリアに即したデザインなども求められる。例えば、御社の商品を「ギフトで贈る」ときを想定したい。購入する際、「この商品を差し上げて、自分のセンスを疑われないか」という心理障壁が生まれることもあるので、デザインへの配慮がいるのだ。

また、都心部に商品を販売していく場合、パッケージの機能性、デザインの見直しはマストである。例えば、核家族や1人暮らしが多いことを想定した、都市部の世帯形態に合わせた規格（サイズ感）の変更だ。食べきれるサイズ感や量感がポイントであり、商品の規格づくりも

〝プロダクトデザイン〟というデザイン分野にあたる。

エルメスジャポンの黒川氏も「消費者は商品を購入する際、デザインが大きな決め手となる」と言及している文献を読んだが、それはラグジュアリーブランドも、農家が作った加工品でも、人にモノを売っている以上、同じ論理であると思う。

＊SHOWROOMはアーティストやアイドル、タレント等の配信が無料で視聴でき、さらに誰でもすぐに生配信が可能な、双方向コミュニケーションの仮想ライブ空間。リアルタイムのライブ中継をしているので、出演する人たちのことを「ライバー」と呼ぶ。

Q39　写真って、大切ですか？

A　はい。写真のシズル感が購買意欲を掻き立てると思います。

皆さんが定食屋さんにランチに行ったとしよう。なんとも美味しそうなシズル感のあるメニュー写真がある店と、画質が悪くて期待値が下がるようなメニュー写真がある店、どちらに入ってみたくなるだろうか？　私の仕事のひとつに「露出する写真のリニューアル」という仕事がある。写真ひとつで、人の購買行動は大きく影響を受けるからだ。

■全体写真を撮影する必要はない！

「写真でお客様に何を伝えたいのか？」を考えたとき、写真の撮影方法は自ずと判断できると思う。具体的な支援を例にすると、某道の駅に併設された食堂のメニューの写真を刷新した。その店では、小鉢を含めた料理の全体を捉える構図で、質の悪いデジカメで真上から撮影をしていた。画質の善し悪しより前に、内容が見づらくて、ワクワクしなかった。社長に話を伺うと、「ランチメニューの掲示板の写真を見て、お客様が帰ることも多い」と話をしていた。

そこで実際に私が撮影した写真が次ページにある。サブの小鉢などは、すべての定食で同じものが提供される。それよりもお客様が気になる主菜（メイン料理）だけをアップに写すアングルに切り替えた。また、、湯気を捉え、料理の温かさが再現するような〝シズル感〟を意識して撮影をした。

■写真のセンスがなければ、「買う」

さて、「写真のセンスがないので構図が分かったところで撮れない」という人には、選択肢は２つだ。写真家に依頼するか、プロが撮影した写真をインターネットで購入するかである。前者は、知り合いのカメラマンなどに報酬を支払い依頼をすれば、喜んで引き受けてくれるだろう。後者は著作権フリーな写真を購入できるサイトを利用する方法だ。美しい星空、セミナーの雰囲気、食卓を彩るフードコーディネート、食材の写真など、多種多様。30枚の写真が、日本円にして約４０００円程度で手に入る海外サイトもある。

図4-2　学生時代にデジカメで撮影。イマイチ美味しそうには見えない（仏・リヨン）

■HPでは、素人写真も混ぜるとよい

ただし、ホームページで使用する写真は、購入写真だけでなく自社で撮影した写真を入れておくべきだろう。なぜなら、ECサイトは、食べる、使うなど〝体験〟をイメージさせるものや、〝社員の雰囲気〟〝コミュニティーの存在〟を表現することもあるので、実際に撮影した写真の方がリアリティーがでるからだ。体験を人に伝える場合、高揚感や現場のリアルな写真があると、非常にイメージがしやすい。写真は、ありのままを映すだけに、嘘がつきにくい。撮影者の人となりや、センスがダイレクトに伝わる表現方法でもあるので、写真の選択にはトコトンこだわろう。

図4-3　一眼レフで料理をアップで撮影した写真

Q40 原価計算は合っているのに、儲かりません。理由は？

A 不本意な値引きや、ＰＲ費用も変動費として入れる必要があります。

原価率だけ計算しても、利益が出ない場合は、もう一度、変動費の見直しをする必要がある。意外と抜けている点は、販売価格にマーケティングコストが入ってないケースだ。

例えば、広報費の抜け漏れ。商品を販売する上で、販促チラシ（ＰＯＰ）、広告宣伝費、展示会出展料（販売促進）などは、最終的には売上の中から割当をしなければならないが、商品の仕入値・売値計算だけを計算している場合がある。

また、配送料の設定も落とし穴になりがち。各配送業者の送料は右肩上がりで高くなっている。冷蔵、冷凍であればなおさらであり、この計算を間違えるとすぐに赤字になる。そのため、送料を全国一律にするのは、あまりお勧めしない。消費税の計算も変わるので注意したい（２０２０年2月現在、食品は８％、送料は10％のため）。

他にも販促のキャンペーンをする際の「割引設定」の見直しも大切である。

例えば、「15％OFF」のセールや、「キャッシュバック」のようなクーポンだ。金銭的な「実利」があるキャンペーンは確かに人の心理が動き、購買に繋がりやすい。しかし、それは資本体力があり、数を売って稼ぐような大きな企業が成功する作戦である。中小企業が割引系のクーポンの発行をする場合、財務と相談だ。

例えば、ある鶏卵メーカーを例にあげよう。そのメーカーでは卵が6個で約850円、12個で約1500円だが、24個以上買うと10％OFFというネット上のキャンペーンを常時行っていたとする。しかし卵は商品単価が低い。10％の数十円程度の割引であっても、売上に与えるインパクトが大きくなる。

■マイナスではなく、プラスの特典を

「割引の他に顧客を飽きさせない方法は何か？」それはマイナスの実利でなく、プラスによる、「お得感」を感じてもらうことだ。例として、〝注文のグレードアップを促すサービス〟である。たとえば、先ほどの鶏卵農家の例では、卵の定期購買の注文を3か月以上契約した場合、次回の配送では、1パックはワンランク上の肥料で育った卵に交換できるといったもの。他には実店舗に併設されているカフェでのドリンク無料チケット、卵を使ったロールケーキの交換券などを「追加」するといったものである。

つまり、マイナスのお得感ではなく、プラスのお得感を提供するような〝増量〟や〝グレードアップ〟のクーポン配信だ。この方法ならば、今まで知らなかった他の商品の気づきを引き出して、購買量を底上げできるかもしれない。売上を圧迫しないキャンペーンを考えて、もう一度、利益に焦点をあてよう。

Q41　ジビエの6次化商品のポイントは？

A　ジビエに対するイメージを最大限に活用した加工品です。

各自治体では鳥獣害対策に力を入れている。鹿が道路に飛び出してきたことによる自動車との衝突事故は尽きず、死亡者は年々増加している。また、農地と作物を食い荒らす猪は、未だに農家の天敵となっている。しかし、捕獲してからの処理（血抜きと流通）が肉質と味に直結するジビエ肉は、処理施設が少ないため、流通量がまだまだ安定しない。一方で、猟師は罠、鉄砲と別々に免許の更新費用が年間でかかるので、現在の補助金制度だけでは経済的に生活が苦しいため、猟師は年々減少している。そうなると、地域の農家の〝天敵〟は野放しにされ、被害が多発する悪循環を辿っている。そんな中、ジビエにまつわる加工品の監修やＰＲの支援依頼も増えてきた。

■ジビエ商品は、高級感が◎

昨今のジビエ（獣肉）ブームが追い風となりジビエ加工品も人気を博している。

SOHOLM（スーホルム）という天王洲アイルに2014年オープンしたジビエ料理とワインを提供するレストランでは、北海道新得町の蝦夷鹿、島根県美郷町の猪を活用してジビエカレーやジビエ缶を商品化している。フランス料理の「北海道産鹿肉のパルマンティエ」「島根県産猪肉のポトフ」といった手の込んだ煮込み料理は、よく見かける缶詰のイメージを覆すほどお洒落なデザインで、価格も1026～1620円（税込）と高級だ。もともと日本のジビエブームをつくったのは、紛れもなくフレンチ（ビストロ）やイタリアンのシェフたちであると思う。

私が初めて猪を食べたのは、パリ

図4-4　パリで初めて食べた猪の煮込み

だった。大学3年生の1人旅で、ビストロに立ち寄り、ランチメニューに「Bourguignon de Sanglier facile」という表記があった。手もちの単語帳で〝Sanglier〟を調べたら「猪」と書いてあり、驚いたのを覚えている。私はチャレンジして注文した。赤ワインでトロトロになるまでほぐされた猪の煮込みは、最高に美味しくて、それからジビエが大好きになった。

さて、商品企画に話を戻すと、まず商品を訴求するターゲットは富裕層にすることがベターであろう。現在、国産の猪肉のkg単価は黒毛和牛クラスの4500～5000円で推移している。もはや野生にいる獣肉は、高級食材と化しているため、加工品の原価は高くなる。しかし、幸いなことにジビエ肉は、総じて高価であることが周知されているのだ。つまり、ポジショニングとして、〝高級商品〟としてブランディングすることを厭う必要がない食材である。よく缶詰では、〝時雨煮〟をする企業が多い。これは、どこの企業も考えるレシピで、甘ったるくて飽きてしまうので、お勧めしない。レシピは専門家やプロのシェフに監修を依頼し、デザインすべきだろう。ジビエ肉のクセのある薫りを消すようなハーブを使った料理、また花椒・山椒の痺れ系の中華料理、または唐辛子、コリアンダーを使ったエスニック料理など、ジビエ料理と加工品の可能性は広い。

Q42　猟師をしており、ジビエの販路に悩んでいるのですが？

A　加工だけに目を向けず、1次商品を販促するのも戦略です。

私が2019年から始めたジビエ肉のプロモーションイベントの事例と流れを挙げる。

■猪肉のブランディングのために補助金活用

㈲ミナミ（岡山県・新見市）は美味しく、安全な猪肉や猪ソーセージなどを首都圏の小売店や外食店に販売している。私も4回ほど現場に出向き、同社の南会長・南代表取締役、猟師の岡崎氏らと交流をして課題解決に取り組んでいた。ちょうど支援から1年が経った頃、「おかやまジビエ利用促進事業補助金」の存在を知り、補助金獲得に向けた企画と書類作成をサポートした。私は㈲ミナミの課題は「精肉のブランディング」と「利益率向上」であると感じていた。なぜならば、これまで展示会や商談会に何度も参加するが、ぼたん鍋のイメージが強い冬商材の猪肉を年間で使用してくれる人を探すのに苦労していた。そのため、6次化商品の開発よりも先に、利益率の高い精肉を首都圏に販売することを優先したからだ。補助金は、無事に採択。補助金の約70万円は、猪肉のブランディングに充当する計画で、イベント企画・運営を弊社が受託した。

■12年連続ミシュラン星獲得のイタリアンを貸切にしたPRイベント

まず、私は東京の麻布十番のイタリアン「ピアットスズキ」の鈴木弥平シェフにイベント協力を仰いだ。ピアットスズキは12年連続でミシュランの星を獲得（2019年8月時点）している高級イタリアン。弥平さんとの縁は、私が24歳の頃。ドライフルーツ&ナッツアカデミーの資格テキストのレシピ依頼を原材料費だけで快く受け入れて下さったことから始まった。大学生のとき、一度だけ食べた料理の味が忘れられず、どうしても弥平さんにレシピを監修してほしかった。

図4-5　一夜限りの猪フルコースイベントの様子（麻布十番「ピアットスズキ」にて）

当日の猪イベントは1万1000円のオリジナルのコースが提供された。㈲ミナミのあらゆる部位の猪が堪能できる構成だ。来客者は、インフルエンサー、プレス関係者などに限定。PR会社と連携をして、女性に人気のweb媒体2社に必ず掲載を確約する条件とした。SNSとweb媒体での情報発信により、岡山県産の猪肉の美味しさを拡散することで企業の知名度を上げていくことが狙いだったこのイベントは、イベントページ公開からわずか4日で満席となった。

■包丁にも配慮。猪料理のおいしさを追及!

当イベントのユニークポイントとして、㈱迫田刃物（高知県・須崎市）とのコラボレーションを実現。職人の手により、「猪肉専用包丁」を2種類用意していただいた。猟師が解体の際にスト

図4-6　有限会社ミナミの皆様と猟師の岡崎氏

レスなく、鮮度の良い肉を㈲ミナミに送れるように工夫。そして、当日のレストランでも猪肉のカットや仕込みの段階でこの専用包丁を使用していただく。肉の美味しさは切るときの細胞を壊さないことが重要であり、「ベストな猪肉をお客様に提供する」という仕掛けをつくった。イベントは２０１９年９月25日に１回目、２０２０年２月12日に東京都・清澄白河にある人気の中華料理店「Ｏ２（オーツー）」にて２回目を決行。弊社は、今後も日本のおいしいジビエを広めるために協力を厭わない。

Q43 果樹の加工で〝ドライフルーツ〟は需要がありますか?

A 食品添加物・砂糖不使用ならばニーズありでしょう。

ドライフルーツ&ナッツアカデミーでは、2つの資格を発行しているが、基礎編のドライフルーツ&ナッツマイスター検定では、砂糖漬けしたドライフルーツを「菓子」と呼んでおり、自然なドライフルーツとは一線を引いている。そもそもドライフルーツのルーツは果物の賞味期限を延ばすための人類の知恵。太陽の恵みによって乾燥された果物は、水分が飛ばされて水分活性が低く、添加物を使用することなく長期間保存ができる代物だ。

しかし、輸入品でよく見かけるオレンジ色をしたドライあんず、パイナップル、キウイ、マンゴーなどは変色しやすいために「漂白剤」や「二酸化硫黄」という食品添加物を使っている。そして、輸入の際にできるだけ果物同士がくっつかないように、砂糖やオイルコーティングをするのだ。しかし、これは単なる流通の都合であり、ドライフルーツ&ナッツアカデミーではカラダに負担をかけない自然な食品を推奨しているため、砂糖・食品添加物・油が添加された商品は薦めていない。

一方で、国産のドライフルーツは、食品添加物や砂糖を使わずに加工する業者が多く、感心する。その理由は、乾燥機の技術進歩と全国各地で機械の導入が充実しており、自然な甘みを凝縮したドライフルーツをつくれるからだ。国産のドライフルーツや干し芋をつくる上で使用する乾燥機の大半は、熱風乾燥機、減圧乾燥機、真空乾燥機のどれかである。私の場合、だいたい事前に機械メーカーの企業名を聞けば、食べなくても、どんな仕上がりかが想像できる。それほどドライ業界は狭い。これらの乾燥機はどんどん品質が改良されており、初心者でも温度帯、時間のコツをつかめれば、誰でも美味しいドライフルーツの製造ができる。そのため、果樹農家が、キズものや規格

図 4-7　ドライ柿の輸出を目的にドバイ「GULFOOD」に参加

外の果物を積極的にドライフルーツにすることには賛成である。キズがついた果物は、キズだけスライスして取り除き、乾燥すれば高単価な商品に生まれ変わる。国産の干し柿やりんごのドライフルーツは、30gで500円〜800円程度が相場。乾燥するだけなので、時間はかかるが、原料の仕入れや、他の材料を調合する手間がない。

例えば、福島県・会津若松市の「山内果樹園」の〝みしらず柿〟を乾燥した柿チップは、2015年に生産者と一緒にドバイで営業をしたが、大変好評だった。また、2019年に支援をさせていただいた、「まるく農園（香川県・三豊市）」では無添加の乾燥キウイフルーツを出荷している。私も首都圏の老舗レストランにも紹介させていただいた。キウイの酸味と甘みが共存した絶妙な

図 4-8　まるく農園の無添加ドライキウイ

美味しさがあり、パティシエやシェフにとっては、最初から味つけされていない点が高く評価された。現代は、健康志向で美意識の高い消費者が多いため、なおさら、体に優しいドライフルーツはニーズがでてくるだろう。

Q44 米農家です。グルテンフリーとは何ですか?

A 小麦タンパク(=グルテン)が含まれない商品や料理を指します。

グルテンフリーダイエットとは、小麦に含まれる〝グルテン〟を摂らない食生活で、ニューヨークやパリで先駆けて流行した。各企業はもともと、グルテン過敏症やセリアック病、小麦アレルギーの人向けに商品開発をしてきたが、国内外でカリスマモデルや女優、アーティストが美容と健康のためにグルテンフリー生活を実践していることを公表しており、瞬く間に新しい食生活としても火がついた。日本でも、プロテニスプレーヤーのジョコビッチ選手の著書『ジョコビッチの生まれ変わる食事』が約10万冊を超えるベストセラーとなり、関心が一気に拡大した。私もグルテン過敏症であり、5年以上、グルテンフリー生活を実践しており、体調とメンタルが改善した。

■グルテンフリーの市場規模

Mordor Intelligence 社の報告（２０１８年）によると、世界のグルテンフリー製品市場規模は35億米ドルに成長（２０１６年時）。日本を含めたアジア太平洋では、２０２３年までに7・6億米ドルに達すると予測されている。２０１９年5月25日におけるインスタグラムにおけるハッシュタグ検索数は「#glutenfree」が約２６２０万投稿に対して「#グルテンフリー」は約65万件。この統計を見ても日本のグルテンフリー市場は世界から見れば、まだまだ小さい。しかし日本も農林水産省が「ノングルテン米粉第三者認証制度」を推進し始めるなど、今後もグルテンフリー市場は、成長していくと想定される。

■グルテンフリーの企画は、2次原料とコンタミが重要

米農家の支援でグルテンフリーの商品開発の依頼が後を絶たない。そこでグルテンフリーの商品や料理を提供する場合の基本的なポイントを2点だけおさらいする。まずは2次原料についてだ。加工する上で、原材料の多くには小麦粉が含まれるので、使用の際に注意が必要だ。例えばハンバーグのつなぎ、肉団子、ミートローフ、ナゲットなどは肉汁が固まらないように小麦が利用される。魚の加工品では、かまぼこ、はんぺん、ちくわなども該当。他にはカレー、シチューの固形ルウはグルテンと油の作用を利用して固めているので、小麦粉が入るこ

とが多い。醤油もたいていの企業が大豆を加工する過程で小麦を使用する。他にもカラメルソース、しょうゆの実、みりん、紹興酒料理酒、麦みそなどにも小麦が入る場合があるから注意したい。次に設備だ。6次化の加工をする際は、コンタミ（contamination）をチェックしよう。もし、ＯＥＭ委託をする工場が、他の菓子製造などで小麦粉を施設内に入れているとしたら、その時点でアウトである。製造ラインで使用していなくとも、小麦は粉塵であるため、その商品に小麦が入る可能性がある。その場合、正式には「グルテンフリー」と言えないのだ。小麦の混入が心配ない専用工場に依頼することがマストである。

Q45　グルテンフリー商品を日本で広めていくには、どうするべきですか？

A　「グルテンフリーは食事の選択肢」という概念を理解してもらうための〝啓蒙〟がセットで必要だと思います。

そもそも、グルテンフリーダイエットとは、食事法のひとつである。前頁にも記載した通り、「グルテンを抜かなければいけない人」よりも「体型維持や個人的な理由によりグルテンを摂らない人」の割合の方が、世界的にみても多いと言われている。つまり、私を含めてグルテンフリーを実践している人たちは、「食事の選択」をしているのである。夕食に、焼肉を食べに行くか、鮨を食べに行くかの違いである。しかし、多くのグルテンフリーにまつわる文献や、商品の説明では、〝小麦は体に良くない〟といった否定的なニュアンスが使われていることもある。これらの表現は、かえって私たちには迷惑である。

■グルテンフリーが日本で流行しづらい本当の理由

自社の商品を正当化するために「小麦＝悪者」扱いするようなセールストークは、グルテンフリーを日本で広めづらくしている原因であると感じる。何故ならば、このニュアンスが残る限り、影響力をもつテレビ番組でグルテンフリーについて特集されることがないからだ。

理由はシンプルである。テレビ番組の予算を握るスポンサー企業にはパン、パスタ、カップヌードル、宅配ピザ、醤油、シリアル、カレー・シチューのルウなどを広告している。（1クールのテレビ番組のCMの中に、小麦に関わる企業がいくつ出てくるか実験してみると、その多さに驚くだろう）。テレビ局は、小麦が関わる食品企業スポンサーを刺激するような、〝グルテンフリー〟には触れることが暗黙のタブーなのである。ただし、それは、「小麦＝ネガティブな食べ物」という身勝手な刷り込みが原因であり、メディア全体が正しい認知をしていない。

■〝小麦と共存する〟グルテンフリープロジェクト

そこで、私は2020年2月からグルテンフリーのオリジナルブランド構築を再開するべく、テストマーケティングを進めている。（正式なブランド名は2020年秋に確定）私が考えるブランドコンセプトは「小麦と共存する」だ。

私は、世界中のあらゆる美味しい料理には小麦が使われており、小麦で幸せになれる人がいることは当然であると考えている。日本の食パンブームを見れば一目瞭然で、日本人の主食にパンは欠かせない存在になった。そのため私たちのブランドでは、小麦を否定することもしないし、自社商品の栄養・効能について小麦製品と比較もしない。あくまで消費者が「今日はグルテンフリーにしようかな」と思ったとき、気軽にグルテンフリーにアクセスできる世の中にしたいと思い、プロジェクトをスタートさせた。グルテンフリーは、〝食の選択肢〟である。つまり、A or BでなくA and Bという発想が必要であると考えた。

■定額で、〝おうちに届くグルテンフリー〟

商品は、すべてオンライン上でのみ販売される設計にしており、現在は流通の課題に向き合っている。コロナウイルス感染症の影響で、ネット通販の需要はさらに右肩上がりになった。今後も商品を購入するチャネルは益々ネットが中心になると予測もしている。そこで、グルテンフリーのパンやスイーツが「ご自宅で気軽に手に入る環境をつくること」を、私の使命として計画を進めている。おいしい&カラダに優しいをモットーに、弊社がプロデュースする商品は小麦・白砂糖は一切使わず、食品添加物も1次原料では使用しない。

■グルテンフリー×事業主＝グルテンフリーランス

また、弊社ではコミュニティーメンバーに小麦を抜く生活をしている人を募っていく予定である。特に、グルテンフリーを続ける経営者（事業主・フリーランス）の方々を〝グルテンフリーランス〟と呼び、資金調達と販路サポートを受けようと考える。何故ならば、その方々にとっても自社の商品は、生活必需品になると思うからだ。グルテンフリーに対する弊社の理念・ビジョンに共感をしてくれたコミュニティーを創り、グルテンフリーの商品を一緒につくれる方を募集していく。全国では、アレルゲンフリーの商品製造ができる会社も増えてきたため、販促方法をクリアにして、安定して商品を製造していきたい。

■最終ゴールは、『会員制グルテンフリー専門店&BAR』のOPEN

私たちの最終目標は、２０１９年11月にプレスリリースをした完全会員制グルテンフリー専門店&バー『ＧＦＵＧ』（グルテンフリーアンダーグラウンド）を東京でオープンすることである。ランチタイムではイートイン／テイクアウトできるグルテンフリーのＤＥＬＩ（総菜）やパン・スイーツが並び、ディナータイムでは、グルテンフリー料理×自然派ワインが楽しめるようなコンセプトの店を開店することが目標だ。もちろん小麦は店内には一切入れないためコンタミネーション課題もクリアできる。完全紹介制＋完全会員制にするため、小麦製品のＣ

Mに出演している女優・モデル・アスリートの人たちも安心して来店ができるようにしたいと考えている。『GFUG』を東京にオープンするために、この企画への賛同者や投資家さまは、是非お力添えをいただきたい。

参考文献

・手塚 貞治（著）『「ビジネスモデル思考」で新規事業を成功させる「事業計画書」作成講座』日本実業出版社、2018年
・電通イーマーケティングワン（著）『マーケティングオートメーション入門 単行本』日経BP社、2015年
・自治体問題研究所（著）『小さい自治体輝く自治「平成の大合併」と「フォーラムの会」』自治体研究社、2014年
・ブライアン・ハリガン ダーメッシュ・シャア 前田健二（訳）『インバウンドマーケティング オンラインで顧客を惹きつけ、招き、喜ばせるマーケティング戦略』すばる舎リンケージ、2017年
・株式会社グローバルリンクジャパン秀和システム、清水将之（著）『効果が上がる！現場で役立つ実践的Instagram マーケティング』2017年
・國分俊史、福田峰之、角南篤（著）『世界市場で勝つルールメイキング戦略 技術で勝る日本企業がなぜ負けるのか』朝日新聞出版、2016年
・吉本桂子（著）『わが社のお茶が1本30万円でも売れる理由 ロイヤルブルーティー成功の秘密』祥伝社、2015年
・石井至（著）『世界が驚愕 外国人観光客を呼ぶ日本の勝ちパターン』日経BP、2018年
・佐藤公信（著）『クラウドファンディング2.0』日本文芸社、2018年
・日経クロストレンド（編）『サブスクリプション2.0』日経BP、2019年
・内平直志（著）『戦略的IoTマネジメント（シリーズ・ケースで読み解く経営学4）』ミネルヴァ書房、201

9年
・『月刊 事業構想（7月号）』事業構想大学院大学 出版部、2018年
・『月刊 事業構想（1月号）』事業構想大学院大学 出版部、2019年
・『月刊 事業構想（8月号）』事業構想大学院大学 出版部、2019年
・『経済界（7月号）』㈱経済界、2018年
・『経済界（9月号）』㈱経済界、2018年
・『販促会議（1月号）』㈱宣伝会議、2019年
・venturetimes ホームページ「農業ベンチャー初の上場で、日本の農業の可能性を示す／熱中の肖像インタビュー後編」株式会社トラフィックラボ、2017年 https://venturetimes.jp/company
・日経MJ2019年（令和元年）6月14日（金曜日）

謝辞

マンションのモデルルーム見学アンケートなどで、「あなたの職業は?」という質問に毎回悩む。私は「自営業」なのだが、現在、複数の企業からの業務委託を請け負っているので「会社員」とも言えそう。見方を変えれば「フリーター」「自由人」にも該当するかもしれない。そもそも「自由人って職業なの?」と毎回つっこみたくなる。自分でもどれに当てはまるのかが分からない。だから面倒なので「その他」を見つけると、そこに○をつけて( )内に〝プランナー〟と書くことに決めた。

28歳当時、全国最年少の6次産業化プランナーとしてキャリアをスタートさせた。とにかく目の前の仕事に全力を尽くし、少しでも実績をつくろうとしていた。「大学生みたいだな」と、私の幼い容姿を見て一抹の不安を覚える生産者に対しては、情報量と知識、小さな成功事例を見せていくようにしていた。支援者に具体的な提案をしていき、しだいに私に対する不安な表情が和らいでいく様子が、やりがいになった。

かつては年間で平均80回ほどの生産者支援をしていた。おかげで日本全国の食材、郷土料理、風土を五感で体感することができた。支援先の生産者は目上の人が多く、30～80代まで幅広い。仕事に対する価値観や人との接し方には県民性が表れていて、生まれ育った環境や置かれた立場で人格とはこんなに変わるものなのだと実感した。よく耳にする地域のステレオタイプ（沖縄県の人はのんびりｅｔｃ.）は、確かに当たっているところもあれば、そうでないところもある。結局は人によるのだな、というのが結論だった。

私は、こんな性格なので、好かれる、好かれないが真っ二つに別れるようだ。相性の悪い人を先に言うと、純粋でない人。あと、上辺だけ調子の良い人からは、なぜか煙たがられる。一方、私も社交辞令が得意な人は、スグに見抜ける。物事の本質を見て、腹を割って話すことが苦手な人は、私との距離が自然と遠のいていく傾向があるようだ。でも、別にそれでよい。ストレートだけ投げてくれるキャッチボールの方がお互いに球を捕りやすいから。腹を探りあう時間は、私にはない。そういう点で、これまで接してきた農村漁業者の人たちは、とにかく真っすぐで、芯が熱く、そして優しい人たちが多かった。だから、このプランナーという仕事を心地よく進められた。「この人たちのために、何とかしてあげたい」と自然と情も移るし、一緒に酒を交わせば、より親密になれた。ストレスフリーで、お互いをリスペクトし合える関係性を築くことができた。なんて、贅沢な仕事だろう。そんなこんなで駆け抜けてきた4年間で、こうして本の執筆をする機会に恵まれた。

現時点で、広義な〝プランナー〟という仕事は天職だと思っている。もちろん、天職が1つであるとは限らないとも思っている。ただ、少なくとも6次産業化プランナーという仕事は、個性を、感性を、人間性を最大限に表現できる仕事だ。この仕事を現役で継続できている背景には、私がプランナーになりたての20代の頃から、私を用命していただいた全国の生産者、商工業者、商工会の皆様、そして全国の市長、町長、村長をはじめとする自治体関係者の皆様のお陰である。20代の時から私にチャンスを下さって、どうも有難うございました。

たくさんの出会いに恵まれて、ヒヤヒヤしたことも、イライラすることも、沢山あったけれど、すべて人生の糧になっている。

本書の執筆にあたり、㈱パソナ農援隊の横山さん、農林水産省の食料産業局産業連携課の増澤さん（2019年11月時点）、㈱農林漁業成長産業化支援機構（A-FIVE）の浅野さんにも特にお礼を申し上げたい。また、大企業に就職をして、ようやく肩の荷がおりたのに2年未満で退職。その後、キャリアに悩みながら転職を繰り返して、そのたびに何度も何度も溜め息をつかせてしまったけれど、いつもどこかで私の味方でいてくれて、私を愛し続けてくれたお母さん、ありがとう。最後に、そんな母が生存している間に、せめてもの親孝行になるような、素敵な本に仕上げて下さった、㈱大学教育出版の佐藤守 社長に心からお礼申し上げる。

■著者紹介

井上　嘉文（いのうえ　よしふみ）

神奈川県生まれ。学習院大学 文学部 心理学科卒。㈱三菱UFJモルガンスタンレー証券入社後、数社で経験を積み、emotional tribe 代表。食品添加物・白砂糖に対して過敏に反応する体質を活かして、無添加食品を専門にプロデュース。主にブランディング・プロモーション戦略・コンテンツ制作などを軸に、これまで累計400件以上の全国の生産者・企業・自治体を支援。

なぜ、あそこの6次産業化はうまくいくのか？

二〇二〇年八月三〇日　初版第一刷発行

■著　者――井上嘉文
■発行者――佐藤　守
■発行所――株式会社大学教育出版
〒七〇〇－〇九五三　岡山市南区西市八五五－四
電　話（〇八六）二四四－一二六八㈹
FAX（〇八六）二四六－〇二九四
■印刷製本――モリモト印刷㈱
■D T P――林　雅子

ISBN978－4－86692－087－0